무질서의 디자인

무질서의 디자인

도시 디자인의 실험과 방해 전략

리처드 세넷 · 파블로 센드라 지음

김정혜 옮김

현실문화

차 례

서문

리처드 세넷 · 파블로 센드라

엄격하고 과도하게 규정된 형식이 현대 도시를 억누르고 있다. 이렇게 유연하지 못한 환경은 사람들의 자유로운 행동을 억압하고 비공식적인 사회관계의 숨통이 막히게 하며 도시의 힘이 자라지 못하게 가로막는다. 이 책에서 우리는 이에 대한 하나의 대안으로 덜 규정된 도시 만들기 형식을 제안하는데, 이는 융통성 없는 형식을 방해하고 그 자리에 삶의 질을 고양하는 디자인을 배치하는 것이다.

　현재 맨해튼의 스카이라인은 과도하게 규정된 형식에 지배되고 있다. 하이라인 최북단에 자리한 허드슨 야드는 뉴욕이나 런던 같은 도시를 변모시켜 온 힘, 즉 상업적 힘으로 추동된 어버니즘을 대표해 보여준다. 허드슨 야드는 호화 콘도, 렌털 아파트, 호텔, 사무실, 레스토랑, 쇼핑몰의 집합체로, 최고가 브랜드를 제공하는 공간이다. 이 공간의 중앙에는 '베슬Vessel[1]'이 자리하고 있는데, 이것은 사용 목적보다는 상업적 프로모션을 위해 액자 형태로 디자인된 조각적 계단 구조물이다.[2] 광장의 남쪽 면은 거대한 이동식 구조물인 '셰드Shed[3]'로 막혀 있는데, 유연한 예술 공간 용도로 세워진 이곳에서는 고가의 퍼포먼스 행사가 열린다. 이 거대한 개발 때문에 일반 시민들이 주도하는 지역 활동이 활성화되지도 않고 그 고정된 형식적 구조물은 진화하지도 않으며, 다만 저하될 뿐이다.

이와는 대조적으로, 허드슨 야드의 동쪽은 가먼트 디스트릭트Garment District와 면해 있다. 이 지역은 크고 작은 사업체가 들어서 있는 생동감 넘치는 다양한 공동체로, 비교적 최근에 이주해온 한국계 이민자들과 기존의 다른 이민 공동체가 섞여 있고, 노동자계층 및 중산층의 거주지와 학교, 교회가 모여 있는 곳이다. 종종 시끄럽고 제멋대로의 공동체인 이 복합체는 지난 150여 년 동안 진화하면서 번영해왔다.

이 책에서 우리는 이러한 공동체를 어떻게 디자인할 수 있는지를 보여주고자 한다. 다시 말해, 하나의 장소가 성장하기 위해 어떠한 기본 형식과 도시 유전자가 필요한지를 보여주고자 한다.

---

1. [옮긴이] 용기 모양의 거대 구조물.
2. Feargus O'Sullivan, 'Cities Deserve Better Than These Thomas Heatherwick Gimmicks', *City Lab*, 2019. 3. 19, https://www.citylab.com/design/2019/03/thomas-heatherwick-vesselpier-55-nyc-hudson-yards-design/585244/, 2019.3.22 접속.
3. [옮긴이] 기존에는 문화적 셰드(Cultural Shed)로 명명됨.

그림1. 질서를 부여하는 글로벌 자본. 뉴욕시 허드슨 야드. 쇼핑몰(오른쪽), 셰드(왼쪽), 베슬(중앙 블록), 고층건물들이 들어선 풍경. 2019년 3월.

이 책은 공동 저자인 리처드 세넷의 저서 『무질서의 효용The Uses of Disorder』에 기초한다. 이 책이 출판된 1970년, 세넷이 "여러 다른 삶의 유형이 겹쳐 있는"[4] 이 가먼트 디스트릭트의 이면에 주목했던 이유는 맨해튼 남중부 지역 중 다른 어떤 지역에서도 스스로의 한계를 구축할 만한 충분한 힘을 찾아볼 수 없었기 때문이다.[5] 또한 저자는 '풍요로움' 탓에 경계가 만들어지고 주변 사람들과 자원을 공유할 필요성이 제거되어 도시 삶에서 바로 이 생기가 없어졌다고 경고했다. 『무질서의 효용』에서 허드슨 야드는 부와 권력이 밀집될 때 도시 전체에 어떤 영향을 미칠 수 있는지를 단적으로 보여주는 예로 언급된다. 이것은 뉴욕이 부동산 주도 도시로 변모하는 상황을 전형적으로 보여준다.[6] 『무질서의 효용』에서 모더니즘적modernist[근대주의적] 개발이라는 것이 도시의 삶을 없애버리는 질서를 부과하는 것이라고 봤다면, 오늘날 부과된 질서 형식은 글로벌 부동산 산업에서 기인한다.

생기 넘치는 열린 도시는 자연적으로 만들어지지 않는다. 즉흥적 활동이나 사회적 상호작용이 일어나지 않는 장소는 도시 환경이 경직되어 이러한 즉흥성을 허용하지 않기 때문에 만들어진다. 그래서 무질서를 위한 계획이 필요하다. 건축가 파블로 센드라

---

4. Richard Sennett, *The Uses of Disorder: Personal Identity and City Life*, New Haven and London: Yale University Press, 2008 [1970], p. 47.
5. 같은 책.
6. Samuel Stein, *Capital City: Gentrification and the Real Estate State*, London and New York: Verso, 2019.

는 『무질서의 효용』을 읽은 후, 계획되지 않은 활동을 허용하고 열린 도시 환경을 구축하는 무질서라는 것이 가능하기 위해서는 디자인이 어떤 방식으로 개입해야 하는지 탐구하기로 결심했다. 열린 도시 환경을 구축하는 것은 사람들의 행동에 따라 변화할 수 있기 때문이다. 이 책은 자발적인 행동과 사회적 상호작용이 일어나지 않는 장소들을 위한 도시 디자인 실험을 제안한다. 이것은 비정형성과 사회성이 이미 일어나고 있는 장소를 대상으로 디자인 전략을 제시하는 것이 아니다. 그보다는 지나치게 경직된 환경을 해체할 수 있는, 도시 디자인에서 [의도적] 방해disruptions를 탐구하는 작업이라고 할 수 있다.

　　건축가 파블로 센드라와 사회학자 리처드 세넷의 이 협업은 세넷이 『무질서의 효용』에서 제시했던 "무질서화된, 불안정하고 직접적인 사회적 삶"이라는 개념에 다시 주목하고,[7] 이를 도시 디자인 실험으로 변화시켜 실천으로 연결시킨다. 1부에서 세넷은 『무질서의 효용』을 집필할 당시의 맥락을 돌아보고 오늘날의 그 의미를 고찰한다. 그런 후에 자신의 '열린 도시' 제안을 설명하는데, '열린 도시'로 관행적인 환경의 경직성을 해소할 수 있기 때문이다. 2부에서는 파블로 센드라가 과도하게 질서 잡힌 도시 환경을 방해하고, 또 계획되지 않은 공공 공간을 활용하면서 사회적 상호작용을 활성화하는 도시 디자인 실험을 제안한다. 파블로의 작업은 규범적

7.　Sennett, *The Uses of Disorder*, p. 166.

매뉴얼이 아니다. 오히려 이것은 범주 면에서 보다 열려 있고 실천적인 면에서는 보다 콜렉티브한collective[8] 디자인을 어떻게 할 수 있을지에 대한 포괄적인 제안이다. 이 책의 3부는 편집자인 리오 홀리스가 진행하는 리처드 세넷과 파블로 센드라의 토론으로, 여기에서 이들은 오늘날『무질서의 효용』이 지니는 함의를 성찰해본다.

8. [옮긴이] 전체주의적 집합과 달리 개인성이 유지되는 그룹 형태로서의 집합체.

1부. 시민 사회

리처드 세넷

1장. 숨겨진 도시의 정치학

1804년, 나폴레옹은 유럽을 군사적으로 정복해가는 도중에 프랑스와 제국 전체에서 시민 사회를 규제할 수 있는 법을 제정했다. 나폴레옹의 민법전code civil은 가정 생활을 규범화하고 교육 과목을 규정하고 종교적 행위를 조직화하면서 일상적 삶에 질서를 부여했다. 이것은 최초로 근대 시민공학civil engineering을 법제화한 대사건이었다.

그로부터 십여 년이 지난 후 나폴레옹 제국은 폐허로 전락했고, 시민 사회를 구축하기 위해 마련했던 공식적, 합리적 계획도 무너졌다. 저술가이자 정치 사상가인 뱅자맹 콩스탕Benjamin Constant은 이러한 몰락을 바라보며 기뻐했지만, 그렇다면 이것을 무엇으로 대체할 것인가? 그는 과거 앙시앵레짐이나 폭력적인 혁명 이데

올로기로 회귀하는 것이 아닌, 다른 종류의 시민 조직을 꿈꿨다. 1819년, 콩스탕은 「고대인의 자유와 근대인의 자유 비교The Liberty of the Ancients Compared with that of the Moderns」라는 글에서 일상적 삶을 역설했다. 그가 말하는 일상적 삶에서 사람들은 기대하지 않았던 것에서 개인적으로 자극을 받고, 사회적 경험은 생각을 같이하는 '단체'의 가치를 넘어서 확장되며, 정치적 확실성도 의문시된다. 사람들은 콩스탕이 생각했던 이상 사회에서 모호함, 모순, 복합성을 지닌 채 살아가는 방법을 배우고, 또 실제 그러한 것들에서 혜택을 얻는다. 삶의 흐름life-stream이란 명확하게 드러나기보다 깊이 흐른다고 그는 강조한다. 이 삶의 흐름은 도시를 관통하며 흐른다.

콩스탕은 파리 같은 도시가 지니는 세 가지 특성을 제시한다. 과거 혁명 이전의 도시에서는 부자와 가난한 사람이 가까이 인접하며 지냈지만 서로 섞이지는 않았다. 그것은 무관심의 도시였다. 혁명 시대, 특히 1792-94년의 공포 정치 기간 동안 도시에서는 지배 권력에 동조하지 않는 사람들이 쫓기고 단두대에서 처형을 당했다. 차이가 곧 범죄가 된 것이다. 콩스탕은 나폴레옹이 몰락한 후 1815년부터 1830년 사이에 파리에 거주했는데, 그 거리에서는 사람들이 상호적으로, 강렬하게, 또 다소 초조하게 서로를 인식하면서도 각자의 분리된 삶을 영위할 수 있는 공간이 허용되었다. 시민들은 역사의 무질서에 대해 트라우마를 느끼면서도 이것에 길들어 있었다. 이 세 번째 경우에 해당하는, [혁명으로] 단련된 파리의 모습이 콩스탕의 시민 사회 개념을 구축했다.

이 책에서 우리는 콩스탕의 비전이 오늘날 무엇을 의미할 수 있을지, 그리고 그것을 디자인할 수 있는 방안이 가능할지에 관한 문제를 탐구한다. 이 프로젝트는 나 리처드 세넷이 『무질서의 효용』을 집필했던 50년 전에 시작되었다. 그때는 나폴레옹에 대해 아는 것도 거의 없었고, 뱅자맹 콩스탕에 대해 들어본 적도 없었다. 그러나 그 책을 통해 자아와 도시의 연결성에 대해 파고들면서 특정한 버전의 시민 사회를 탐구했었다. 그 책은 개인의 경험이 내부로 향하지 않고 외부로 향해 확장된다는, 그다지 대단치 않은 관찰을 전제했었다. 마찬가지로, 시민 사회는 개인이 스스로에게 덜 몰입적인 상태가 되고 사회적으로 더 많이 참여할 때 나타난다.

하지만 그것이 어떻게 가능한가? 나는 밀도가 높고 다양성이 가득한 도시의 경우 사람들과 특수한 방식으로 관계 맺는다고 주장했다. 이것은 도시 안에 존재하는 여러 형태의 삶에 노출되거나 그에 대한 관용(톨레랑스)의 문제만이 아니다. 사람들이 인종적으로나 종교적으로 다른 사람, 이질적인 방식으로 연애하는 사람, 서로 다른 문화권의 타인과 연결되기 위해서는 자신의 정체성에 대한 절대적, 결정적 확신을 내려놓고 내면적으로 긴장을 풀어야 한다. 이를테면 자아의 질서를 깨뜨리는 식의 작업을 해야 한다고 말할 수도 있다.

이렇게 되면 우리 앞에는 거대하고도 구체적인 문제가 남게 된다. 도시란 수많은 삶의 방식을 담고 있는 물리적 고형의 존재이다. 프랑스 고어에서 이것은 '빌ville'(건물과 거리로 이루어진 고형의 실체)과 '시테cité'(그 물리적 장소 안에 머무는 사람들이 채택한 행동과 사고방식) 두 가지를 모두 의미한다. 『무질서의 효용』에서 구상했던 시민 참여 같은 것이 물리적으로 가능할까? 건물, 거리, 공공 장소의 디자인을 통해 고정된 관습을 이완하고 절대적인 자아 이미지의 질서를 깨트리는 것, 즉 자아의 무질서화가 가능할까?

나는 그 책이 나왔을 때에도 시민 사회를 물질적으로 구축하는 방안에 대한 좋은 답을 찾지 못해 여전히 만족스럽지 않았었다. 이후 내가 점차 실제 도시계획자로 일하면서 물리적 해답을 제시하지 못한 것이 내 마음속에 무거운 결함으로 남아 있었고, 바로 그 이유에서 이 공동 저술 작업이 이루어지게 되었다. 여기에서 건축가 파블로 센드라는 유연한 도시 인프라를 채택했을 때 지상의 삶을 이완시키고 풍요롭게 하는 방식을 제시한다. 센드라의 목표는 공동체의 혁신과 놀라운 환경 구축이 가능한 인프라를 디자인하는 것이다. 이러한 디자인이 복합적이고 다양성이 있는 이완된 도시를 작동시킬 수는 있지만, 그 디자인들만으로 도시가 존재할 수는 없다. 이것은 도시의 시민 사회를 키우는 데 필요한, 하지만 충분하지는 않은 도구이다. 복합적이고 다양성이 있는 이완된 도시의 특징은 그 안에서 개인이 자신을 돌아보고, '삶이 기대했던 것과 다르게 흘러왔다'는 것을 성찰할 수 있다는 점이다. 뱅자맹 콩스탕이 시민 사회의 합리성rationale—명시되거나 규정된 것을 넘어서는 삶—이라고 여겼던 것이 바로 이 성찰이다. 파리의 하수도가 이 존재론적 자유를 만드는 도구라고 보거나 이에 대해 그가 고찰한 적은 없지만 말이다.

*

나폴레옹의 민법전은 모든 시민에게 동등한 권리를 부여한다는 점에서 혁명적이었다. 물론 그 시민은 남성에게 국한되는 한계가 있었다. 나폴레옹은 여성을 남편에게 예속시키는 '가족의 가치'를 옹호하고 사생아의 시민권을 박탈했다. 이 법은 다시 모든 이들에게 종교의 자유를 주어, 프랑스 내에서 개신교인과 유태인이 공공연히 자유롭게 기도할 수 있게 했다. 그러나 프랑스 식민지에서는 노예제를 합법적으로 재도입하기도 했다. 그럼에도 이 문제의 문건은 훗날 시민권을 추구하는 데 원천적으로 긍정적인 효과를 발휘했다. 특히 모든 사람이 학교 교육을 받을 수 있는 법령을 제정했다. 그리고 교육 평등에 대한 이 같은 주장은 2차 세계대전 이후 미국에서 유색 인종의 시민권 투쟁을 촉발시켰다. 미국 대법원이 1954년에 학교 내 인종 차별을 불법으로 판결한 데에는 이 프랑스 민법전이 일부 기반을 형성했다.

『무질서의 효용』이 출판되었던 1970년 당시, 그동안 미국의 유색 인종에게 가해진 부당함이 쌓일 대로 쌓였고, 미국의 대도시는 폭력적인 전쟁터가 되었다. 이 폭동을 분석하기 위해 준 정부 기관인 커너 커미션The Kerner Commission이라는 위원회가 만들어졌는데, 뉴욕 시장인 존 린지John Lindsay도 여기에 멤버로 참여했고, 1967년에는 나도 그 팀에 보조 업무로 관여했다. 위원회는 '게토에는 백인 사회가 깊이 연루되어 있다. 백인의 제도가 게토를 만들어 유지하고 있으며, 백인 사회는 그것을 묵인한다'는 결론에 도달했다. 이것은 폭력적인 무질서가 경각심을 불러일으킨다는 점에서 얄궂게도 내 책의 제목『무질서의 효용』을 설명해주는 듯했다.

하지만 이 불타는 거리에서는 1830년 파리 혁명 기간 동안 뱅자맹 콩스탕이 생의 마지막 순간에 목격했던, 바리케이드 친 거리의 장면이 되살아나지는 않았다. 콩스탕이 파리의 거리에서 마주한 것은 군대의 공격이나 경찰의 포위로부터 폭동 지대를 보호하기 위해 세워진 바리케이드였다. 당시에 바리케이드는 사람들이 거리로 던진 가구들이 한쪽 모퉁이에 쌓이면서 막다른 구역을 만드는 식으로 구축되었다. 1830년, 바리케이드 뒤편의 공간들은 폭동에 참가한 시민들이 방심하지 않고 지켜냈다. 이 거리들은 군대에 제압될 때까지 수 주 동안 규율이 적용된 훈육된 공간이었다. 반대로, 1960년대 폭력적 도시 무질서의 기간에는 폭동에 침투한 약탈자들이 저소득 공동체 안에 있는 상점들에 불을 질렀다. 거리의 저항운동을 이끈 이들은 처음부터 이 폭력적인 기생충들을 통제하지 못했다. 커너 커미션에서 밝혀냈듯이, 이 약탈자들은 수적으로는 적었지만, 이 도둑들 때문에 혁명적인 '무질서의 효용'이 오염된 것으로 비쳐졌다.

당시 미국 사회를 흔든 무질서는 인종 저항 때문만이 아니었다. 폭력적인 경우는 거의 없었지만, 더 많은 개인 단위의 무질서가 특권화된 시민 사회를 괴롭혔다. 백인, 중산층, 이성애자, 그리고 해외 군복무 의무가 없는 젊은 층들 사이에서 일어나는 일이다. 이 같은 '안전' 지대 내부에서 일어나는 불만은 뱅자맹 콩스탕이 강조했던 질병malaise으로 거슬러 올라간다.

콩스탕은 법학자이면서 소설가로 활동했다. 이 두 가지는 **상상력**과 **철학**이라는 라벨의 서로 다른 섬에서 이루어지는 활동처럼 분리된 상태에서 행해졌다. 그는 『아돌피Adolphe』라는 소설에서 대단한 로맨스를 포기하는 한 남자가, 열정에 불붙는 순간이 아니라, 사랑에서 빠져 나오는 과정을 연대기적으로 그려낸다. 아돌피는 욕망이 야기하는 폭풍과 스트레스에 권태로워진다. 중년에 접어들면서 그에게 열정이란 직업상의 매력보다 더 강한 흥분을 주지 못한다. 소설가 콩스탕은 이 이야기를 통해 아돌피가 얼마나 '왜소한' 한 인간이 되어가는지 보여준다.

그래서 이 시민 사회의 철학자는 사람들이 제약된 삶의 테두리 안에서 난관과 폭풍, 스트레스를 피해가며 모험을 두려워하게 되는 과정을 통탄한다. 이것은 스탕달Stendhal이 소설 『적과 흑The Red and the Black』에서 말한, 야망에 대한 동시대적 설명과 대조된다. 스탕달의 주인공인 쥘리앵 소렐은 불타는 열정으로 가득하고, 파리를 점령해 권력의 핵으로 파고 들어가려는 욕망에 사로잡힌, 일종의 사적 영역에서의 나폴레옹이 되어간다. 반대로 아돌피는 불타는 열정도 없고, 독일형에 가까운 열망—중년의 체념과 회환에 뒤따르는 젊음을 향한 욕망—도 따르지 않는다. 아돌피는 질서 있는, 말끔하게 정돈된 삶을 영위할 수 있다는 것에 진정으로 만족하고 안도한다.

철학자 콩스탕은 이러한 '왜소함'이 시민 콜렉티브에게 괴로움을 줄 수도 있는 메커니즘을 분석하지는 않았다. 그러한 설명은 이후 사회과학으로 나타난다. 아돌피의 이야기에서 제기된 공포는 거의 한 세기가 지난 후 관료제에 관한 막스 베버Max Weber의 글에 등장한다. 삶에서 특히 관료주의의 사다리 위로 오르려는 야망이 무엇보다 강해지는 바로 그때 인간은 '철창' 안에 살고 있는 것이라는 베버의 말은 잘 알려져 있다. 베버에 의하면, 이제 아돌피라는 인물은 보다 더 큰 맥락, 즉 민법전과 같이 사회를 합리화하려는 노력이 결국은 사람의 품격을 떨어뜨리는 관료제로 귀결될 수밖에 없는 맥락에 놓이게 된다. "이 관료적 기계장치에서 이성적 계산은 … 모든 노동자를 하나의 톱니로 환원시킨다. 그리고 노동자는 자신을 이런 시각에서 바라볼 때 자신을 … 조금 더 큰 톱니로 변형시키는 방식만을 요구할 것이다."

베버는 이 프로세스를 무미건조하게 바라보는 관찰자가 아니었다. "관료제화에 대한 열망으로 인해 … 우리는 절망으로 빠져든다." 이러한 병은 분명 베버만 규정한 것이 아니다. 로베르트 무질Robert Musil의 『특성 없는 사나이The Man without Qualities』에서는 종종 디테일을 코믹하게 그리기는 하지만, 관료제가 어떻게 삶을 왜소하게 만드는지 가차없이 해부했다. 가장 절망적인 철창 이미지는 아마도 베버와 같은 시대를 살았던 라이너 마리아 릴케Rainer Maria

Rilke가 동물원에 갇힌 판다를 묘사한 시에서 찾아볼 수 있다. 시는 "끝없이 철창 너머를 향하는 그의 시선은 너무 지쳐 다른 것에는 눈을 두지 못한다"라는 구절로 시작된다.

철창의 절망감은 안전 지대에서 성장한 나와 같은 세대에게도 괴로움을 주었다. 사회학자인 C. 라이트 밀스C. Wright Mills는 자신의 부모가 어떻게 특정한 철창을 만들었는지에 관해 약간의 동정심을 가지고 상세하게 묘사한다. 아버지와 어머니는 대공황과 2차 세계대전의 망령에 사로잡혀 있었지만 그 악몽을 내면에 담아두었다는 것이다. 그 악몽은 미국의 새로운 번영과 글로벌 헤게모니 덕택에 억누를 수 있었다. 하지만 60년대가 시작되면서 그 구역을 그냥 서성거리는 아이들은 판다와 같은 상태였다. 그리고 60년대 말에 이르러 이들은 보다 적극적으로 철창을 부수려고 했다. 이 젊은이들은 콩스탕—그리고 그 뒤를 이은 무질과 베버—에게서 위축되었던 경험에 대한 열정을 분명히 회복했다. 『무질서의 효용』이 등장하게 된 데는 이러한 상황적 배경이 있었다.

나는 그 구역 출신이 아니다. 어린 시절에는 도시 공공주택public housing 프로젝트 공간에서 지냈고, 홀로 나를 키우던 어머니는 공산당 비밀 당원이었다. 난 게이였고, 열다섯 살 이후로는 혼자 혹은 파트너와 함께 시카고와 뉴욕에서 살았다. 이러저러한 경로를 거쳐 청년기에 하버드 대학교에 가게 되었다. 그곳에서 만난, 안전하게 성장한 아이들이 느끼는 슬픔이 처음에는 어리광처럼 보였다. 그러나 시간이 흐르면서 이들의 고통이 진짜라는 것을 알게 되었다. 나 역시 교외 지역 출신과 마찬가지로 나 자신에게만 빠져 있었다. 내가 밤낮으로 함께 섞여 살아가는 낯선 이들을 자의로 판단하는 실수를 범한 것이다. 나는 생존자였지만 자기 지식self-knowledge은 없었다.

하버드에서 나는 글쓰기를 통해 자기 지식을 모색했다. 그런데 내면의 어떤 작용 때문인지 내 이야기를 직접적으로 보여주는 자서전보다 내가 살았던 장소에 대해 쓰고 싶었다. '도시'는 자아와 도시를 연결시키는 과정에서 독립 변수처럼 느껴졌기 때문이다. 나 자신을 대면할 준비가 안 되었다고 말할 수도 있다. 그러나 하버드의 멘토였던 정신분석학자 에릭 에릭손Erik Erikson은 내면보다 외부를 바라보는 이 방법이 옳다고 봤다.

덴마크 출신의 에릭손은 젊은 시절 작가로 자리를 잡지 못하고, 다음 선택지인 정신분석학으로 선회해 처음에는 프로이트 Sigmund Freud에게 수학하고 비엔나에서 아동을 대상으로 연구했다. 그는 전쟁으로 초토화된 유럽을 떠나 미국 매사추세츠주에 있는 오스틴 리그스 정신병원에서 일하면서 점차 청소년과 청년에게 관심을 가지게 되었다. 바로 그곳에서 에릭손의 이름을 알리게 된 '정체성 위기identity crisis', 즉 청소년에서 성인으로의 전환기에 인간에게 나타나는 정신 상태에 대한 연구가 이루어졌다. 그는 이때 새로운 경험을 찾으면서 동시에 그것을 차단하는, 두 가지 작용 사이에 긴장이 일어나기 때문에, 그 시기를 상당히 힘든 과정이라고 보았다. 한편으로 젊은이들은 새로운 것을 갈구하지만 다른 한편으로는 생경한 것에 노출되는 것을 두려워한다. 이 긴장을 이겨내지 못하면 고집스럽게 자아에 매달리게 되고, 그것은 타인의 차이와 다양성을 설명하지 못하게 가로막는다.

나는 『무질서의 효용』에서 이 관점을 받아들였지만, 시간이 흐르면서 프로이트가 말한 이드 같은 것, 초자아 따위의 것들 없이도 [자아-타자에 대한] 인식의 재구성이 가능하겠다는 생각이 들었다. 인지심리학자 레온 페스팅거Lionel Festinger는 그런 방식으로 새로운 지각을 여는 귀납적 호기심과 연역적 추론 사이에 끊임없이 일어나는 상호작용을 연구하여 정신병 문제를 해결하고자 했다. 심리학자 캐럴 길리건Carol Gilligan은 또 다른 맥락에서 자아와 타자 사이에서 젠더가 구분되는 결정적인 순간이 청소년기의 정체성 위기—'나는 누구인가?'—라는 생각에 반기를 들었다. 길리건은 젠더가 생에 전체에 걸쳐 계속해서 재협상 과정을 거친다고 보았다.

이 비非프로이트주의자들은 프로이트 용어인 '자아 강도ego strength'를 재규정했다. 복잡한 수학 문제를 접하건 애인의 요구와 부딪게 되건 새로운 일을 배우건 간에, 인간은 모호함, 난관, 예기치 않은 변화를 야기하는 미지의 문제를 방어적으로 대하기보다 그것을 다룰 수 있는 능력을 개발해야 한다. 그리고 에릭슨이 사상가로서 가지는 힘이 여기 있다. 그는 정신분석가이기보다 윤리주의자였던 것이다.

에릭슨의 윤리적 시각은 **적은 자아, 많은 타자**Less Self, More Other

라는 문구로 요약될 수 있다. 이것은 정체성 위기 기간 동안, 나아가 삶 전체에 걸쳐 긍정적인 면에서 일어나는 일이다. '자아'를 타인에게 투사하는 것보다 외부의 타자에게서 받아들이는 것들이 더 많다는 것이다. 이러한 윤리를 실천하는 데는 심리적 힘이 요구되지만 그 힘은 아무것도 없는 공백 상태에서 개발되지 않는다. **적은 자아, 많은 타자성**은 피트니스 클럽에 가서 근육 운동을 하는 것처럼 연습을 해야 길러질 수 있다. 나의 생각—바라건대, 내 책에서 오래 지속될 수 있는 가치—은 거대하고 밀집된 다양성의 도시야말로 사람들이 이 윤리적 근육을 훈련하고 차차 강화시킬 수 있는 장소라는 것이다.

오늘날 콩스탕이 살아 있다면, **적은 자아, 많은 타자**라는 문구가 그에게도 의미가 있을지에 대해서는 의문이다. 그가 생각하는 시민 사회는 자신들만의 편견과 습관—모든 사람들이 어떤 식으로 살아야 한다고 규정하는 절대적인 것—을 깨고 외부로 향하게 하는 그런 사회였다. 물론 그의 시각에는 최소한 내가 네 단어로 압축해서 표현한 이러한 도덕적 처방보다 더 복잡하고 더 많은 지혜가 담겨 있다. 콩스탕은 시민 사회란 공동체일 뿐만 아니라 고독의 도시로서, 사람들이 서로 참여적일 수도, 비참여적일 수도 있는 장소라고 생각했다.

콩스탕의 이런 양면적인 생각은 스탈 부인Madame de Staël(제르멘 드 스탈Germaine de Staël)에게서 영향받은 것으로 보인다. 스탈 부인은 콩스탕이 1795년에 만난 소설가로, 1802년에 나폴레옹이 그

녀를 추방했을 때 둘이 함께 스위스로 이주했었다. 스탈 부인의 1807년 소설 『코린 혹은 이탈리아Corinne, or Italy』는 이야기 형식으로 가장한 여성 인권 선언문으로, 여기에서는 결혼에 대한 영구 책임에서 벗어날 수 있는 여성의 자유, 지나치는 일들을 수행할 수 있는 자유, '양도할 수 없는 개인의 사생활 권리, 즉 고독'을 주장했다. 일부일처주의자가 아니었던 콩스탕은 스탈 부인과 사별한 후에 만난 아내 샤를로테 폰 하르덴베르그Charlotte von Hardenberg와 파리로 돌아올 때까지 스탈 부인의 가르침을 따랐다.

여기에서 콩스탕의 글들은 스탈 부인의 에로틱한 윤리를 보다 일반적인 시민 사회 문제로 확장시켰다. 그는 공동체적인 순응과 집단적인 예의범절에 도전하는 사회를 원했다. 시민 사회는 차이와 크게 다른 태도를 끌어안을 수 있어야 사람들이 자유, 자기 자신이 될 수 있는 자유, 즉 혼자일 수 있는 자유를 얻게 된다. 서로 다른 사람들 사이의 메워지지 않는 간극과 필요한 침묵은 인정받고 존중되어야 한다. 그것이 바로 시민 사회를 '시민적'으로 만드는 것이고, 시끌벅적한 마을과 다른 거대하고 밀집된 다양성의 도시가 가능해지는 지점이다.

*

그러나 권력을 논하지 않고 자유에 대해 이야기할 수는 없다. 게다가 도시란 자기 표현과 사회 참여가 일어나는 대표적인 극장이면서도, 복합적인 지배 네트워크가 생성되는 곳이기도 하다.

1806년에 나폴레옹이 독일의 예나Jena시를 점령했을 당시 그곳에서 교수로 재직하던 헤겔Georg Friedrich Hegel은 절반 정도 진행 중이던 『정신현상학The Phenomenology of the Spirit』 원고 외에 거의 빈손으로 피난을 떠났다. 나폴레옹 장군에 대한 공포감 때문이었다. 이후 헤겔은 나폴레옹을 영웅적 인물로 여기며 민법전에 대해 시민 사회를 조직하기 위한 이성적인 방안으로 칭송했지만, 그것은 세월이 많이 지나고 헤겔이 질서의 사도가 된 노년기의 일이다.

『정신현상학』은 저자 헤겔이 자기 자신과 논쟁을 벌이는, 다른 무엇보다 날카로운 저서이다. 「주인과 노예」는 이 책에서 가장 유명한 장으로, 그중 가장 잘 알려진 부분은 인간이 타인에게 "인정받을 때만" 만족감을 얻는다는 구절일 것이다. 다시 말해, 개인이 자아의 완전성을 느끼기 위해서는 '상호 인정 과정'이 필수적이라는 의미이다. 이것은 그 누구도 섬이 아니다no man is an island와 같은 상투적인 문구의 철학적 버전에 다름없을 수도 있지만, 여기서 헤겔은 더 깊고 어두운 문제로 관심을 돌리고 있다.

주인과 종, 주인과 노예처럼 불평등한 관계에서 과연 어떻게 상호 인정이 가능할까? 종은 주인에게 복종해야 하지만 헤겔에게는 이게 전부가 아니었다. 프랑스 혁명을 지켜본 헤겔은 종이 주인을 믿지 않으면 어느 순간 주인에게 저항한다고 봤다. 이것은 급진적인 생각이다. 장기적으로 권력은 복종하는 사람의 자발적인 복종으로 유지된다. 나아가 오래된 주인은 그의(헤겔 시대에 주인은 언제나 남성형 '그he'였다) 종들이 자신을 합법적으로 받아들이고, 종들을 지배할 권리가 있다는 것을 인정하길 바란다.

헤겔은 자신이 우월한 자와 예속된 자로 표현했던 '주인lords'과 '예속인bondsmen'의 관계가 과거 사회보다 현대 사회에서 훨씬 더 뚜렷해졌다고 생각했다. 과거에는 주인이 종교적 교리나 승계된 특권으로 합법화되었다. 주인은 신이 만든 사회 규범 환경에서 어떠한 일도 개인적으로 스스로 할 필요가 없었기 때문이다. 전통에 적대적인 세속 사회에서는 불평등한 사회적 지위의 차등을 유지시키는 힘에 대한 인식이 점점 더 약해진다. 마키아벨리Niccoló Machiavelli는 르네상스 도시 국가에서 일어났던 봉기들 사이에서 유사점을 발견했지만, 딜레마는 국가 운영 기술의 하나, 즉 통치자가 피지배자들로부터 자발적인 복종을 이끌어내기 위해 어떻게 행동하는가의 문제일 뿐이라고 생각했다. 이 문제는 헤겔의 시대에 이르러 정치적이면서 사회적인 사안이 되었다.

헤겔과 동시대를 살았던 뱅자맹 콩스탕은 많은 이들이 겪고 있는 고통을 넘어서는 무언가가 1820년대 파리 시민들 사이에 뒤엉켜 있다고 보았다. 도시민 중 대부분은 **자유, 평등, 박애**라는 혁명의 슬로건을 더는 믿지 않았고 나폴레옹이 세인트헬레나섬에서 탈출하기를 바라는 이도 거의 없었지만 그래도 이들은 시민 사회의 구성 인자로 형성되었다. 당시 대단히 불평등한 지위를 유지시키는 사회적 화학작용은 무엇이었을까? 무언가 작동하기는 했지만 그것이 무엇인지 콩스탕은 말할 수 없었다.

헤겔은 노예 자신이 주목받을 필요가 있다는 점에 주목하면서 이 문제를 해결하고자 했다. 오늘날 '노예' 목록에는 여성, 동성애자, 트랜스젠더, 이민자, 소수민족과 같이, 주인과 대등하게 인정되지 않는 모든 이들이 포함된다. 헤겔에 따르면, 동등한 급여를 받을 권리를 위해 싸우는 일하는 여성이건, 부모가 될 권리를 주장하며 입양권을 주장하는 동성애 커플이건, 충실한 시민으로 인정되기를 바라는 이민자이건, 법적으로 젠더 정제성을 인정받기 위해 현 의료 프로토콜을 거쳐야 하는 트랜스젠더이건, 각각의 노예는 주인과 나란히 서서 받아들여지기 위해 노력한다. 헤겔의 논리에 따르면, 이 모든 경우에 수용 여부의 기준은 다 주인이 세운 것이다. 노예는 인정을 바라는 이 같은 노력으로 주인에게 예속된다. 나폴레옹 민법전에서처럼 사람들이나 종교 모두 법적으로 평등한 권한을 가지고 있지만, 그럼에도 시민 사회에서 인정을 갈망하는 노력은 계속된다. 나를 보라! 나의 존재를 인정하라! 나를 투명인간 취급하지 말라!

노예가—인정이 아닌—자유를 원한다면 주인이 설정한 틀 바깥으로 나가야 한다. 이 경로는 네 가지 단계를 거치게 된다. 첫째, 종은 자신의 고통에 대해 태연해진 후, 둘째, 자신에게 고통을 부여하는 주인에 대한 회의감을 가지게 된다. 셋째, 주인으로부터는 자유롭지만 자신의 의무에는 확신이 없고 만족하지 못하는, 거리감을 두는 시기가 뒤따른다. 마침내 합리적 추론을 통해 이 불행의 해결책을 향해 나아가게 된다.

임마누엘 칸트Immanuel Kant는 도시에서 사는 방식에 관해 같은 질문을 던지면서, '코즈모폴리턴'이 되는 것이라는 개념을 확산시켰다. 여기에서 코즈모폴리턴이란 합리적 추론과 이성적 행위에 관해 논의할 때 낯선 이들과 관계하는 것을 의미한다. 이렇게 친밀한 거리감을 훈련하면 굴종적이지 않으면서 일정 정도의 참여가 가능하다. 그러나 젊은 시절의 헤겔은 타당한 역사적 이유를 들며 이러한 코즈모폴리턴적인 삶의 형태에 의문을 던졌다. 당시 새롭게 떠오르던 집단적 정체성 같은 것이 없었다면 함께하는 것이 불가능했을 것이다. 실제로 프랑스 혁명 기간 중에 파리의 거리에서는 낯선 사람들이 모두 비논리적인 열정에 가득 차 '반역자', '은둔 귀족', '일탈자'를 함께 잡으러 다녔다.

1890년대, 귀스타브 르봉Gustave Le Bon은 파리 코뮌을 직접 마주하면서 집단적 비이성을 연구 주제로 삼아 군중의 정체성을 밝히고자 했고, 그 후로는 이에 반기를 드는 엘리아스 카네티Elias Canetti와 지그문트 프로이트의 연구가 이어졌다. 이들은 저마다 각자의 방식으로, 사람들이 낯선 이들 사이에서 자신을 조금 더 쉽게 내려놓는다는 사실을 관찰했다. 이렇게 익명의 도시는 무책임성을 용인하는 것처럼 보였다.

심지어 헤겔은 모순에 빠진 것처럼 보이기도 한다. 그의 선언에 따르면, 타인에게 인정받는 것이 온전히 자유로운 인간임을 느끼는 데 필수적이기 때문이다. 그러나 권위에 대한 욕구가 항상 인간의 충동을 일으키는 기반으로 작용하지는 않는다. 어린이들은 학교에서 학습할 때 어른들에게 의존할 필요가 있고, 병사들은 전장에서 생존하기 위해 상사의 명령에 의존해야 한다. 이렇게 규칙은 사람들을 특정 방향으로 이끌고 그로 인해 안정을 유지할 수 있다. 문제는 그런 기능을 하지 못하는 규칙이 무엇인지, 또 어떤 여건에서 사람들이 주인의 권위에 도전할 수 있고 또 도전해야 하는가이다.

헤겔은 주종 관계의 딜레마를 돌파하기 위한 방안으로 "예속인[종]이 일을 통해 자신이 진정으로 누구인가를 의식하게 된다"는 논리를 폈다. 인간은 자신과 연관된 일에 관해 생각함으로써 "자신만의 사고를 한다는 것을 깨달을 수 있다"는 것이다. 카를 마르크스Karl Marx는 [헤겔의] 『정신현상학』에서 바로 이 문구들에 매달렸다. 그러나 헤겔은 나이가 들고 생각이 경직되어가면서 일상세계의 실질적인 활동을 강조하기 쉽지 않게 되었고, 그에 따라 주종 관계 문제를 해결하기 위해 이성적이고 모든 것을 아우르는 보편적인 상태를 점점 더 강조해갔다. 헤겔은 말년인 1821년에 저술한 『권리철학[법철학]The Philosophy of Right』에서 바로 이처럼 비틀린 결론에 도달한다.

말년의 헤겔처럼 고등하고 이성적이며 문제 해결적인 질서 안에서 안식처를 찾지 않고, 주종 관계에서 벗어나기를 바란다는 점에서 우리는 젊은 시절의 헤겔을 지향한다고 볼 수 있다. 그러나 젊은 철학자의 입장에 있는 우리 역시 자신의 협소한 영역에 갇혀 결국 같은 문제에 봉착하고 만다. 불평등한 조건에서 사회적으로 인정받기 위해 애쓰는 개인적인 노력과 별개로, 도시가 사람들 사이의 화학적 결속을 만들어낼 수 있을까? 사람들 사이의 불만을 수용하고 분리의 가치를 인정하는 시민 사회는 구성원들을 결속시키기 위해 그다지 많은 일을 하지는 않는 것으로 보인다. 나아가 우리는 여러 다른 규범을 구분할 필요도 있다. 어떤 규범은 긍정적인 가이드라인이 되어야 하기도 하지만 어떤 것은 무질서할 필요도 있기 때문이다.

*

헤겔이 노동에 초점을 두었던 것은 타당성이 있다. 근대 사회에서는 종들이 하는 일 때문에 권위와 관련된 복합적이고 또 실로 놀라운 문제들이 발생한다. 1970년대 후반부터 새로운 자본주의 시대로 접어들면서 고용주와 고용인의 결속 관계가 끊어졌고, 이러한 여건에서 기업은 보다 '유연한' 조직 형태를 모색했다. 유연성이란 때로 글로벌 시장과 금융 여건에 대응하기 위해 기업에서 인력 규모를 늘리거나 줄이는 것을 의미하기도 하고, 또한 기업이 새로운 사업을 시도하거나 기존 업무를 포기하는 과정에서 지속적으로 일어나는 내부 구조조정의 과정을 의미하기도 한다. 결과적으로 유연성은 기업 내에서 정해진 기능을 수행하는 것이 아니라, 변화하는 업무 패턴에 집중할 수 있도록 노동자의 일을 변화시키는 것을 뜻한다.

유연성 때문에 많은 노동자들이 부유浮遊하게 되었다. 여기에는 시간 문제도 포함되어 있다. 막스 베버와 이후 C. 라이트 밀스가 언급했던 철창은 노동자들의 시간적 경험을 깊이 있게 구조화했다. 관료제는 수년간 혹은 수십 년간 노동을 조직화해왔다. 이 조직에서 노동자들은 통상적으로 평생 네 명 미만의 고용주 밑에서 일을 하고, 노동조합에서는 장기 복무 노동자들의 우선권을 보호하고 연금을 보장해왔다. 긴 시간 단위로 노동을 조직화한다는 것은 일반적으로 기업이 분명한 내적 구조를 따른다는 것을 의미했다. 즉 사람들은 스스로 어디를 향해 가는지 정확하게 인지한 상태에서 고정된 고용 사다리를 오르기도 하고 내려가기도 했다. 일시적인 실업은 주기적으로 반복되었지만 그럼에도 노동 시간은 예측이 가능했고, 바로 그 점에서 이것은 질서 있다고 할 수 있다.

오늘날의 노동자들은 권력에 기반한 재조정에 따라 과거보다 업무 시간이 훨씬 짧아졌다. 현재 기업들은 장기적인 이윤보다 단기적인 주가를 지향하는 쪽으로 변화하고 있다. 단기 글로벌 투자를 추구하는 기업에서는 다양한 기술을 요구하고 고용 형태를 재구조화하기 때문에 변화에 가속도가 붙고 노동 시간은 단축된다. 조직 내부의 유동성에 따라 직업의 사다리 구조는 사라진다. 노동자들은 자신들의 움직임을 아우르는 거대한 내러티브 없이 업무에서 업무로 이동한다. 그래서 현재 젊은 고용인들은 최소한 열 명 남짓한 고용주 밑에서 일할 것으로 예상해볼 수 있다. 혹은 업무에 따라 계약하는 사람들에게 서비스를 제공하며 월 단위로 일하는 '긱 경제gig economy'[1] 형태로 나아간다.

*

이렇게 오늘날 노동하는 종은 표류한다. 바로 이 지점에서 헤겔이 등장한다. 종은 어떻게 주인이 자신의 필요와 존재를 인정하게 할 수 있을까? 그리고 우리가 살고 있는 도시와 관련하여 이것이 우리에게 시사하는 바는 무엇인가?

유연한 자본주의가 지금 경직된 도시에서 피어나고 있다. 도시는 방향을 잃은 채 노동하는 동물을 가둔 철창이 되었다. 이 같은 역설에는 몇 가지 이유가 있다. 첫째는 복합적인 공간이 사라지면서 매우 동질화된 구역으로 대체되기 때문이다. 이러한 선택과 분리의 과정은 지난 세기 내내 진행되었지만 특히 1980년대 초반부터 가속화되었다.

19세기 런던, 뉴욕, 파리와 같이 부유한 도시에는 개인 가구에 입주해 일하는 인구가 대단히 많았기 때문에 도시는 복합적인 성격을 띨 수밖에 없었다. 이런 구역에는 정육점, 제화점, 철물점 같은 작은 상점도 가득한데, 이들은 전문화된 상업을 통해 풍족한 가정을 유지했다. 고용인과 상점 주인은 일터에서 가까운 펍

---

1. [옮긴이] 긱 경제란 임시직 선호 경제를 말한다.

이나 가격이 싼 식당에 자신을 도와주는 지역 지지층을 확보했다. 런던의 메이페어Mayfair 지역과 동북부 지역은 1차 세계대전 이전에 이루어진 인구 조사에서 특별한 방식을 통해 다양성을 띤 장소로 등록되었는데, 그 이유는 이곳에 엘리트층과 그 주변에 포진한 노동자 계층이 한데 섞여 있었기 때문이다.

그러나 중산층과 하위중산층 그리고 도시 곳곳에 흩어져 있던 산업 노동자들을 도심에서는 찾아볼 수 없었다. 산업 프롤레타리아는 종종 공장 근처의 열악한 환경에서 살아가는 처지에 머물렀지만, 1870년대부터 중산층과 '형편이 꽤 괜찮은' 노동자들은 새로운 교외 지역에 집단 거주지를 마련했다. 하지만 도시 외곽의 영토는 아직 형태를 갖추지 못했고, 대부분 불규칙하게 일어나는 신개발 주거의 양상을 띠었다. 살 만한 지역이건 처참한 지역이건, 이 모든 장소에는 도심에서처럼 지역 경제가 혼합되어 있었다. 2차 세계대전 이후 인근 교외 지역은 기숙사 같은 주거 밀집 공간으로 변모했지만, 1차 세계대전 이전까지만 해도 이곳은 작은 마을에 더 가까웠다.

20세기 도시의 특징은 무차별적인 동질화였다. 중심지의 경우, 집안 일을 돌보는 입주 하인들이 떠나면서, 런던에서는 마구간을 개조한 집들이, 파리에서는 건물 꼭대기 층이 새로운 럭셔리 공간으로 변모했다. 19세기 중반, 오스망Georges-Eugène Haussman[2]은 시

---

2. [옮긴이] 19세기 프랑스의 행정가로, '오스망식 파리 혁신'으로 불리는 대규모 파리시 정비 사업을 이끌었다.

의 보기 흉한 이면이 드러나지 않는, 우아하고 풍요로운 도시 공간으로 파리를 개조하려는 꿈을 가지고 있었다. 그로부터 한 세기가 지난 후에 그의 바람은 이루어지기 시작했다. 대형 개발업자들이 우아한 구역을 벗어난 도시 외곽과 교외 지역에서 금융과 주택 건설업을 장악하게 되었다. 이 기업들에게는 복합적인 사용자를 위한 복합 용도의 공간보다 동질화된 건설 프로젝트가 상업적으로 훨씬 더 매력적이었다.

무엇보다 19세기의 기준이 비교적 느슨했던 데 비해, 20세기에는 한층 더 상세하고 훨씬 더 엄격한 구역화zoning의 규범이 지배했다. 구역화에 관한 규범의 역사는 따분한 면도 있지만, 이것이 대체로 근대 도시의 형태를 만들었다고 볼 수 있다. 한편 문서화된 법은 모호함을 지향해, 2차 세계대전이 끝나고 몇십 년이 지난 후에 도시계획자들은 점점 더 비정형적 것, 버려진 것, 무정형의 공간을 탐색했다.

특히 뉴욕에서는 계획자들의 관행적인 문서가 도시에 대한 귀납적인 경험에 기반해 만들어진 경우가 거의 없었다. 이들이 만든 규정은 연역적으로 공식화되었다. 노동 분화를 공간 분할의 모델로 설정한 뒤, 각각의 장소를 쇼핑, 교육, 주거 용도로 구분한다. 도시적인 차원에서 볼 때 뉴욕은 높은 건물들이 줄지어 만들어내는 거리-벽street-walls이 특징적이다. 그러나 이 거리-벽의 풍경이 2차 세계대전 이후에는 길에서 가급적 최대한 거의 아무런 활동도 일어나지 않는 공간, 즉 빈 공간으로 둘러싸인 고립된 건물들로 대체되었다.

이렇게 여러 가지 다른 용도, 장소와 사람을 가두는—분리하는—과정은 유연한 자본주의에서 가속화되어왔다. 도시가 서로 다른 저장고로 분류될수록 주인과 예속의 문제는 더욱 가시화되고 물리적인 것이 된다. 여기에서 '주인'은 각 공간에 누가 포함되는지의 문제까지 포함해 그곳의 정확한 용도를 정하는 규정 또는 계획 그 자체이다. 한편 '예속된 자'는 정해진 용도대로 사용하면서 공간의 규정을 따르는 한 명의 인간이다. 게다가 이들은 자신이 어디에 속하고 어디에 속하지 않는지를 알고 있다. 오늘날 뉴욕 허드슨 야드의 '주인'은 아주 분명하게 규제된 공공 공간이다. 반면 '예속된 자'는 정확히 계획된 대로 그곳을 이용하는 사람들(남녀)이다. 그리고 이곳에서 가난한 라티노나 아프리카계 미국인은 거의 눈에 띄지 않는다. 왜냐하면 이들은 자신들이 여기에 속하지 않는다는 것을 알고 있기 때문이다.

시민 사회에 관한 헤겔의 초기 논리—훨씬 더 국가 통제주의적인 후기의 관점과는 다른—에 따르면, 예속된 자는 결국 규정에 대한 무관심을 표함으로써 (말하자면 허드슨 야드의 야외 공공 공간 중 한 귀퉁이를 정치적 목적으로 식민화함으로써) 스스로 해방된다. 이들은 도시계획 규정에 관해 논의하기보다 대면 접촉의 필요성을 둘러싼, 혹은 좀 더 추상적으로 말해서 르페브르Henri Lefebvre가 말하는 도시에 대한 권리를 호소하는, 자신을 정당화하는 언어로 말할 것이다. 이것은 주인과 예속된 자들이 서로 엇갈리는 뜻으로 말을 하는 비대칭적인 결과를 낳는다. 예속된 자는 바로 이러한 무질서 덕택에 주인이 정해놓은 통제 조건에서 벗어난다.

콩스탕은 이와 같은 논리를 통해 시민 사회의 탄생을 목격했다. 좋은 시민 사회의 경우 담론은 주인 편에 선 일련의 단일 쟁점으로 이해되지도 않고, 사회적 인정을 추구하는 예속된 자에 반하는 것으로 이해되지도 않는다. 바로 이 같은 해결책이 마련되지 않기 때문에 사람들은 자유 공간을 찾게 된다. 이들은 더는 정해진 곳에 자리하거나 규정되지 않는다.

이렇게 도시는 이런 종류의 가시적인 시민 사회를 만들 수 있다. 이러한 공간이 형태나 기능 면에서 고정되지 않는 한, 도시의 밀도와 다양한 인구는 다채로운 시민 사회의 풍경을 낳는다. 우리는 여기서 이렇게 정해진 답이 없는 해방된 공간의 DNA를 디자인할 수 있다고 주장한다.

2장. 열린 형식

닫힌 시스템과 불안정한 도시

누구나 살고 싶어 하는 도시는 청결하고 안전하며 효율적인 공공 서비스가 이루어지는 곳, 경제가 역동적으로 움직이며 문화적 자극이 이루어지고, 인종, 계층, 민족 간의 사회적 차별을 해결하기 위한 최선의 노력이 이루어지는 곳이어야 한다. 현재 우리가 살고 있는 곳이 이런 도시는 아니다.

많은 도시가 이 모든 부문에서 실패하는 까닭은 정부 정책, 손쓸 수 없는 사회적 병폐, 지역 자체적으로 통제 불가능한 경제적 힘 등의 요인들 때문이다. 이처럼 각 도시는 스스로 문제를 해결할 수 있는 힘을 가지고 있지 않다. 여전히 도시는 어떠해야 한다는 우리의 생각에는 뭔가 잘못된—대단히 잘못된—부분이 있는 것이다. 2차 세계대전 이후, 도시계획이 법제화되고 관료화되면서 좋은 도시를 상상하는 것은 그 어느 때보다 어려운 일이 되었다. 1960년 파리의 도시 규정집이 1870년의 규정집보다 훨씬 더 두꺼워진 것은 역설적인 일이다.

오늘날 도시계획자들은, 100년 전의 계획자들로서는 상상조차 할 수 없던 조명, 다리, 터널, 건축 자재 같은 기술적 도구라는 무기를 가지고 있다. 이렇게 우리에게는 과거에 비해 많은 자원이 있지만 이 모든 것을 아주 창조적으로 사용하지는 못하고 있다.

이러한 역설이 발생한 원인을 추적하다 보면, 도시의 시각적 형식과 사회적 기능에 대해 과도한 믿음을 가지는 것과 같은 근원적인 문제로 거슬러 올라가게 된다. 기술이 있어야 실험이 가능한데, 바로 그 기술이 질서와 통제를 원하는 권력 체계에 종속된 것이다. 도시는 엄격한 이미지와 정확한 묘사로 가득하지만 도시적 상상력 면에서는 활력을 잃어버렸다. 100년 전의 과거보다 훨씬 더 놀라운 기술력을 보유하고 있는 현재 우리는 도시를 풀어주어야 한다. 비정형성에 친화적이고 열린 실험이 가능한 열린 도시를 상상해야 한다.

도시에 관한 상상력이 마비되는 현상의 전조는 1920년대 중반 르코르뷔지에Le Corbusier가 제안했던, 파리를 위한 '부아쟁 계획Plan Voisin'에서 나타났다. 그는 파리의 거대한 역사적 중심부를 균일한 X자 형태의 고층 건물이 늘어선 풍경으로 교체하는 방안을 고안했다. 그렇게 되면 거리에서 일어나는 공적인 삶이 사라지고 모든 건물의 사용 방식은 하나의 마스터플랜으로 계획되고 조정된다.

'부아쟁 계획'은 거리에서 일어나는 비규범적인 삶을 없앰으로써 도시를 얼어붙게 만들었다. 대신 사람들은 높은 곳에 고립된 채 일과 일상의 삶을 이어가게 되었다. 이 수직적인 디스토피아적 실험은 다양한 방식으로 현실화되었다. 시카고에서부터 모스크바에 이르기까지 이 같은 도시계획 방식을 따라 빈곤층을 대상으로 하는 창고같이 생긴 공공 주거 공간이 만들어졌다. 활기 넘치는 거리의 삶을 제거하는 르코르뷔지에의 이 계획은 주로 중산층이 거주하는 교외 지역에서 구현되었고, 시내 중심가는 단일한 기능을 가진 쇼핑몰, 외부인 출입 제한 주택지, 고립된 캠퍼스처럼 지어진 학교와 병원으로 교체되었다.

이러한 과잉 결정overdetermination의 결과는 이른바 **불안정한 도시**Brittle City이다. 지금은 건물 용도가 달라지면 상황에 맞추어 개조하기보다 건물 자체를 철거해버린다. 현재 영국에서 새로 짓는 공공주택의 평균 수명은 40년이고, 뉴욕의 경우 신축 고층 건물의 수명은 35년이다. '불안정한 도시'는 오래된 것을 새로운 것으로 밀어낸다는 점에서 마치 일종의 열린 상태를 재현하는 것 같기도 하지만, 이런 식의 변화는 유해하다. 미국의 경우 교외 지역의 주민은 지역에 재투자하기보다 황폐화된 상태로 남겨둔 채 다른 곳으로 떠나버린다. 영국과 유럽 대륙 지역에서도 미국과 마찬가지로 도심의 '재생'이라는 것은 종종 그곳에 줄곧 살던 사람들이 쫓겨나 난민이 되는 것을 의미한다. 그러나 사실 도시 환경에서 '성장'이란 이전에 존재했던 것을 단순히 교체하는 것보다 훨씬 더 복잡한 현상이다. 성장을 위해서는 과거와 현재 사이의 대화가 필요하고, 이것은 제거가 아니라 진화의 문제이다.

이런 원리는 건축적인 면만큼이나 사회적인 면에서도 잘 맞아 떨어진다. 공동체의 유대는 계획자가 펜으로 선을 긋는다고 해서 단시간에 만들어질 수 있는 것이 아니고, 이 역시 발전할 수 있는 시간이 필요하다. 오늘날의 도시 조성 방식—각 기능을 분리하고 인구를 동질화하며 구역화와 장소의 의미를 미리 규제하는 방식—에서는 공동체의 성장에 필요한 것, 즉 진화에 요구되는 시간과 공간을 공동체에 제공하지 못한다.

'불안정한 도시'는 대규모로 작동하는 사회에서 나타나는 증상으로, 닫힌 시스템의 형태로 볼 수 있다. 사회를 바라보는 이 같은 시각에는 본질적으로 평형equilibrium과 통합integration이라는 두 가지 속성이 있다.

평형이 지배적인 폐쇄적 시스템은 케인스John Maynard Keynes 이전의 시장 논리에서 온 것이다. 이것은 수입과 지출 사이의 균형을 가정한 상황에서 나오는 일종의 결과 같은 것이다. 국가 계획에서는 정보 피드백 루프와 내수 시장에서 '물자를 보급 능력 이상으로 할당'하지도, '자원을 블랙홀로 빠져들게 하지도' 않는다는 것을 확실히 해주어야 한다. 이것은 최근 공공 의료 서비스 개혁에서 사용하는 표현으로, 도시계획자들에게도 교통 인프라 자원 분배 방식을 설명하는 데서 다시 익숙하게 통용되고 있다. 무슨 일이건 수행 과정에서 발생하는 문제에 대한 대책은 다른 일들이 소홀해질지도 모른다는 두려움이 있을 때 제대로 수립된다. 닫힌 시스템에서는 모든 일이 조금씩 한꺼번에 일어난다.

둘째, 닫힌 시스템이 의도하는 것은 통합이다. 전체적인 디자인에서 시스템의 부분들이 각각의 위치를 차지하는 것이 이상적이다. 그 이상으로 나아가 맞닿으면 경쟁적으로 되거나 갈피를 못잡고 혼란에 빠져, 두드러지게 눈에 띄는 경험들을 거부하거나 토해내는 결과가 나타난다. 다시 말해, '맞지 않는' 것은 가치 면에서 축소되어간다. 도시 환경에서 이루어지는 계획은 '맥락'를 강조함으로써 억압적인 통합을 수행해낼 수 있다. 여기에서 **맥락**context이라는 말은 정중한 표현이지만 그 안에는 뭔가 의심스러운 점을 제기하는 힘이 담겨 있다. 즉 맞지 않는 것은 무엇이든 억압해 어느 것도 튀지 않게, 문제를 일으키거나 도전하지 않도록 확실히 하는 것을 뜻한다.

통합을 강조하면 실험적인 의욕이 꺾인다. 컴퓨터 아이콘을 발명한 존 실리 브라운John Seely Brown이 말했듯이, 모든 기술적 발전은 그것이 시작되는 순간 거대한 시스템을 방해하고 기능 장애를 불러일으킨다. 도시에서도 마찬가지이다.

평형과 통합이라는 쌍둥이 악惡은 '불안정한 도시'에서뿐만 아니라 교육, 복지 서비스, 기업 활성화 계획 등에서도 장애가 된다. 게다가 이 악의 형제는 국가자본주의와 국가사회주의에서 모두 나타난다. 닫힌 시스템은 20세기 관료주의에 내재한 무질서에 대한 공포를 나타낸다.

닫힌 시스템과 대비되는 사회적인 것은 자유 시장을 의미하지도 않고 개발자들이 지배하는 장소를 뜻하는 '불안정한 도시'에 대한 대안이 되지도 못한다. 교활한 신자유주의는 엘리트들의 사적 이익을 위한 닫힌 관료주의적 시스템을 조작하면서 자유의 언어를 사용한다. 닫힌 시스템의 진정한 평행추가 될 수 있는 것에는 다른 종류의 **사회적** 시스템 같은 것이 포함되어 있다.

열린 도시

열린 도시는 나폴리처럼, 닫힌 도시는 프랑크푸르트처럼 작동한다.

열린 도시라는 개념은 내가 고안한 것이 아니다. 이 용어는 위대한 도시학자 제인 제이콥스Jane Jacobs가 르코르뷔지에의 도시적 비전에 맞서 논쟁을 펼치는 과정에서 언급한 것으로, 그녀에게 크레디트가 있다. 제이콥스는 공적, 사적 기능이 모두 행해지는 꽉 찬 거리나 광장처럼, 장소가 밀집되고 다양화될 때 어떤 결과가 나타나는지 이해하고자 했다. 이러한 조건에서는 기대하지 않았던 마주침, 우연한 발견과 혁신이 나타난다. 제이콥스의 이러한 시각은 [영국의 문학비평가] 윌리엄 엠프슨William Empson의 기지 넘치는 말인 "예술은 과밀집 상태에서 나온다"는 표현에도 반영되어 있다.

제이콥스는 도시가 평형이나 통합 같은 제약에서 자유로워졌을 때 적용할 수 있는 특정한 도시 발전 전략들을 모색했다. 여기에는 날림으로 지은 기이한 개조물, 기존 건물에 덧대기, 쇼핑 거리 한복판에 에이즈 호스피스 광장 세우기같이, 말끔하게 어우러지지 않는 방식으로 공공 공간을 사용하도록 독려하는 일 등이 포함된다. 그녀는 거대 자본주의와 권력화된 개발자들에게는 동질성—확정적이고 예측 가능하며 균형 잡힌 형태—을 선호하는 경향이 있다고 보고, 따라서 급진적인 계획자는 부조화를 위해 싸우는 역할을 해야 한다고 주장했다. 제이콥스는 잘 알려진 자신의 선언문에서 "밀집도와 다양성이 삶을 부여한다면, 거기에서 자라나는 삶은 무질서한 것"이라고 말했다.

제인 제이콥스는 도시 무정부주의자로 불리곤 했는데, 그렇다고 한다면, 특정한 보수적 접근에 맞서는 무정부주의자라고 볼 수 있을 것이다. 정신적인 면에서 그녀는 엠마 골드먼Emma Goldman보다는 에드먼드 버크Edmund Burke에 가깝다. 제이콥스는 열린 도시는 천천히 움직인다고 생각했다. 사람들은 사건이 천천히 실체적으로 일어날 때 그 일을 가장 잘 흡수하고 변화에 가장 잘 적응할 수 있다. 나폴리나 뉴욕 맨해튼의 동남부 지역의 경우 비록 자원은 부족하지만 그래도 지속 가능하고 사람들이 이곳을 깊이 아끼는 이유가 바로 여기에 있다. 이들은 마치 둥지를 틀듯이 이 장소들 **속으로 들어가며**into 삶을 영위해왔다. 시간은 장소에 대한 애착을 낳는다.

오늘날 우리가 알고 있는 도시, 그중 유럽의 궤도 바깥에 있는 도시는 빠르게 움직인다. 아시아, 라틴아메리카, 아프리카의 도시화는 수백 년이 아니라 수십 년 만에 이루어졌다. 이렇게 시간을 빠르게 움직인 추동자들—개발자, 투자자, 국가 책임자—은 도시가 닫힌 형식을 갖추기를 원한다. 다시 말해, 수치로 가늠할 수 있고 결정적이고 균형 잡히고 통합이 잘된 도시를 만들려고 한다. 그리고 투자자는 자신이 무엇을 얻고 있는지 잘 알고 있다.

반면 열린 도시 개발을 원할 경우, 그저 '천천히' 혹은 '기다려'라는 말만으로 이러한 힘들에 맞서는 것은 불가능하다. 제이콥스가 생각하는 버크식의 시간적 감각, 특히 소상공인을 중시하는 그녀의 주장과 맞물려 있는 그러한 입장은 오늘날 직면하고 있는 정치경제적 상황에서 충분한 견인력을 가지지 못한다. 그보다 우리는 닫힌 도시에 저항하면서 문제를 상쇄할 수 있는 대안적 디자인의 중요성을 훨씬 더 강조할 수 있을 것이다.

나는 개인적으로 어떤 물리적 형식이 닫힌 도시에 저항하고 열린 도시에 힘을 실어줄 수 있을지 고민해왔다. 이 책에서 소개하는 파블로 센드라의 계획들은 바로 그러한 물리적 인프라를 제시하고 있다. 도시 개발이 대규모로 빠르게 시행되는 상황에 적용할 수 있는 '도시 DNA' 형식으로는 세 가지 유형이 공공연히 알려져 있는데, 그것은 1. 통로 영토passage territories, 2. 미완의 사물incomplete objects, 3. 비선형적 내러티브nonlinear narratives이다.

통로 영토

도시에서 여러 다른 영토를 지나는 경험에 관해 조금 더 상세히 이야기하고자 한다. 그 이유는 통로를 지나는 행위가 도시를 하나의 전체로 알 수 있는 방식이기도 하고, 또 도시계획자와 건축가가 이 장소에서 저 장소로 통과하는 경험을 디자인하는 것에 상당히 어려움을 느끼기 때문이기도 하다. 여기에서는 통행을 방해하는 구조로 여겨지는 벽에서 시작하고, 이어서 도시 영토의 가장자리가 어떻게 벽처럼 기능하는지에 관한 문제를 제기하려 한다.

벽

벽은 예상 밖의 선택처럼 보일 수도 있다. 도시에서 벽은 말 그대로 닫는 구조물이다. 포병대가 조직되기 전에 사람들은 적의 공격을 피하기 위해 벽 뒤로 숨었다. 벽에 설치된 문은 도시로 들어오는 상인을 규제하는 역할을 하고, 종종 세금을 걷는 지점으로 기능하기도 했다. 고대 그리스의 벽은 낮고 얇은 구조로 지어졌다. 이와 달리 액상프로방스나 로마 같은 도시에 남아 있는 거대한 중세 시대의 벽으로 인해 벽에 대한 일반적인 이미지가 다소 호도된 부분이 있고, 우리는 중세 시대의 벽이 가진 기능에 대해 잘못된 상상을 하기도 한다.

벽은 닫혀 있을 때에도 도시의 규제를 벗어난 개발이 일어나는 곳이다. 중세 도시에서는 벽 양쪽에 모두 집을 지었다. 암시장과의 불법적인 거래나 탈세한 물건이 샘솟듯이 나타나 벽 안으로 파고들었다. 벽이라는 구역은 이교도, 외국인 망명자, 사회 부적응자가 모여들곤 하는, 그래서 다시 중앙의 통제를 거의 받지 않는 곳이다. 이 공간은 무정부주의적인 제인 제이콥스에게 매력적이었을 것이다.

이 공간은 유기적인 것에 중점을 둔 제이콥스의 기질에도 맞았을 것이다. 이 벽은 투과성과 비투과성을 모두 갖춘 세포막처럼 기능했다. 세포막의 이중적인 특성은 근대 도시 삶의 형태를 시각화하는 데 중요한 원리로 작용한 것으로 보인다. 우리 역시 마찬가지로 벽을 세울 때마다 그 벽에 투과성이 있는지 확인해야 한다. 안과 밖의 구분은 모호한 것이 아니라 깨질 수 있는 것이어야 한다는 것이다.

판유리를 벽으로 사용하는 전형적인 현대 건축 방식에서는 이것이 되지 않는다. 그렇다. 우리는 거리에서 건물의 내부를 들여다볼 수 있지만, 안에 있는 대상을 만지거나 냄새를 맡을 수도, 소리를 들을 수도 없다. 일반적으로 판유리는 단단히 고정되어 있고, 통제가 되는 출입구는 단 하나뿐이다. 그 결과 이 투명한 벽을 사이에 두고 그 어느 쪽에서도 아무 일도 일어나지 않는다. 뉴욕에 있는 미스 반데어로에Ludwig Mies van der Rohe의 시그램 빌딩이나 노먼 포스터Norman Foster가 디자인한 런던 신시청 건물의 유리벽 안팎은 모두 죽은 공간이다. 이 경우 건물에서 일어나는 삶은 축적되지 않는다. 이와 대조적으로 19세기 건축가 루이스 설리반Louis Sullivan은 판유리를 이보다 훨씬 더 원시적인 방식으로 유연하게 사용했다. 그는 판유리를 투과적인 벽으로 기능하도록 활용해, 마치 사람들이 모임에 초청된 것처럼 건물 안으로 들어가거나 건물 가장자리에 머물 수 있게 만들었다. 이 같이 대비되는 판유리 디자인에서 모던한 소재를 사용해 사교적인 효능을 발휘할 수 있게 하기 위한 상상력이 실패했다는 것을 볼 수 있다.

저항력과 투과성을 모두 갖추고 있는 세포 형태의 벽이라는 개념은 단독 건물에서 나아가 도시 내부의 공동체가 서로 만나는 구역으로 확장해 적용될 수 있다.

경계

스티븐 제이 굴드Stephen Jay Gould 같은 생태학자는 자연계에서 나타나는 중요한 특성, 즉 [가장자리] 경계boundaries와 [교류] 경계borders에 우리의 관심을 주목시킨다. 전자의 경계는 일[사물]이 끝나는 가장자리를 가리키고, 후자의 경계는 서로 다른 그룹이 상호 작용할 수 있는 가장자리를 이른다. 자연 생태에서는 서로 다른 종이나 물리적 조건이 교류의 경계에서 만나기 때문에 이곳은 유기물이 보다 활발히 상호-작용inter-active하는 장소가 된다. 예를 들어 물과 견고한 육지가 만나는 호숫가에서는 유기물이 다른 유기물을 발견하고 먹이를 얻는 등의 활발한 교류가 일어난다. 호수 내부의 다른 기후 층도 마찬가지이다. 층과 층이 만나는 구역에서 가장 강렬한 생물 활동이 일어난다. 자연 선택 작용이 가장 강하게 일어나는 곳이 경계선이라는 것도 놀라운 일이 아니다. 한편 [가장자리] 경계는 사자나 늑대 무리가 만들어내는 경계警戒의 영역이다. 이렇게 [교류] 경계는 다소 중세 시대의 벽 같은 역할을 하는데 반해 [가장자리] 경계는 닫힘을 만들어낸다. [교류] 경계는 곧 역공간liminal space이다.

인간의 문화 영역에서도 마찬가지로 영토는 [가장자리] 경계와 [교류] 경계로 구성되어 있다. 간단히 말해, 도시에는 외부인 출입 제한 주택지와 복잡하고 열린 거리가 대조를 이루고 있다. 그러나 이러한 구분의 문제는 도시계획에서 훨씬 더 심하게 나타난다.

공동체의 삶을 어디에서 찾을 수 있을지 생각할 때 우리는 주로 공동체의 한가운데를 살핀다. 공동체의 삶을 튼튼하게 만들고 싶을 때 우리는 중심의 삶을 강화하려 한다. 가장자리의 컨디션은 비교적 활력이 없어 보인다. 따라서 모더니즘적 도시계획 실천에서는 가장자리의 공동체를 고가도로로 덮어 씌우는 등의 방식으로 실제 어떠한 투과성도 없는 경직된 경계를 만들어낸다. 그러나 가장자리의 컨디션을 방치하는 것—[가장자리] 경계적 사고라고 불러도 좋겠다—은 다른 인종, 민족, 계층으로 구성된 공동체 간 교류가 사라지는 것을 의미한다. 중심을 특권화함으로써 우리는 도시 안에 포함되어 있는 서로 다른 인간 그룹이 연합하는 데 필요한 복합적인 상호작용을 약화시킨다.

내가 직접 계획했던 프로젝트 중에 실패한 사례를 들어보겠다. 몇 년 전 나는 뉴욕 스패니쉬 할렘Spanish Harlem에 거주하는 히스패닉 공동체를 위해 시장을 만드는 계획에 참여했다. 맨해튼 북동쪽 96번가에 위치한 이 지역은 뉴욕에서 가장 빈곤한 공동체 중의 하나인데, 96번가 바로 아래—96번가에서 59번가까지—로는 런던의 메이페어나 파리의 7구역에 비견될 만큼 세계에서 가장 부유한 커뮤니티가 자리하고 있다. 따라서 96번가 거리는 그 자체로 [가장자리] 경계 또는 [교류] 경계로 기능하게 된다. 우리 기획자들은 96번가를 아무 일도 일어나지 않는, 생명력이 없는 가장자리로 여기고, 여기에서 스무 블록 떨어진 스패니쉬 할렘의 한복판에 라마퀘타La Marqueta 시장을 만들기로 결정했다. 하지만 이것은 잘못된 결정이었다. 만약 시장을 96번가에 세웠더라면 부유층과 빈곤층이 일상적인 상업적 접촉을 통해 만날 수 있는 활동을 활성화할 수 있었을 것이다. 이후 현명한 기획자들은 이 같은 실수에서 교훈을 얻었고, 맨해튼 서쪽 지역에서 계획을 할 때 새로운 공동체 자원을 공동체의 가장자리에 위치시켜, 과거에 그랬듯이, 다른 인종과 경제 집단 사이에 교류의 문을 열었다. 요컨대 중심을 우선시했던 우리의 계획은 결국 고립으로 귀결되고 만다는 것을, 반대로 [가장자리] 경계와 [교류] 경계의 가치를 이해한 기획자들은 통합을 보여주었다.

그렇다고 도시계획에서 이런 모험적 탐구에 대한 한없이 낙관적인 그림을 그리려는 것은 아니다. [교류] 경계를 연다는 것은 서로 다른 강점을 가진 사람들을 경쟁에 노출시키는 것을 뜻한다. 이 경계는 친화적이라기보다 긴장 관계 속에서 교류를 촉진시킬 수 있다. 이는 마치 자연 생태계의 경계 조건에 내포된 포식적 특성을 연상시킨다. 그러나 현재 많은 기획자들이 베이루트나 [키프로스의 수도] 니코시아Nicosia와 같이 한층 더 위태로운 조건에서 시행하고 있듯이, 위험을 무릅쓰는 것만이 유일한 해결책이라고 생각한다. 그러한 상황에서 우리는 사회적으로 지속적인 집단적 삶의 조건을 도시 안에 구현할 수 있다. 궁극적으로 고립은 진정으로 시민적인 질서를 보장할 수 없다.

투과성 있는 벽과 [교류] 경계로서의 가장자리는 도시 내부의 열린 시스템을 구성하는 데 필수적인 물리적 요소이다. 침투 가능한 벽과 [교류] 경계는 모두 역공간을 만든다. 그것은 통제의 한계에 위치한 공간, 다시 말해, 집중적으로 장소를 차지하고 있으면서도 예측하기 어려운 사물이나 행동, 사람들이 출현할 수 있게 허용하는 한계에 위치한 공간이다. 생물심리학자 레온 페스팅거는 '주변적 비전peripheral vision'의 중요성이 이 같은 역공간의 특성으로 인해 결정된다고 말하기도 했다. 사회학적으로 또 도시학적인 의미에서 이런 곳은 중심에 서로 다른 요소들을 집중시킨 장소와는 다르게 작용한다. 한 영토에서 다른 영토로 가로지르는 것을 인지하면, 지평선 위에서, 주변에서, 그리고 [교류] 경계에서 차이들이 모습을 드러낸다.

미완의 형식

벽과 [교류] 경계에 관한 이 같은 논의는 열린 도시에서 나타나는 현상 중에서 두 번째로 영향이 큰 특성인 미완의 형식으로 이어진다. 미완성이란 마치 구조에 적대적인 것처럼 보이지만 사실은 그렇지 않다. 디자이너는 '미완성' 상태로 남겨진 특정한 물리적 형식을 독특한 방식으로 만들어내야 한다.

예컨대 거리를 디자인할 때 건물은 거리의 벽에서 조금 떨어져 안쪽에 세워지는데, 이때 건물 앞쪽에 남겨진 공간은 진정한 공공 공간이 아니다. 건물이 거리에서 뒤로 물러난 것이다. 우리는 실제로 어떤 결과가 야기되는지 알고 있다. 거리를 걷는 사람들은 이렇게 뒤로 물러난 공간을 오히려 피하려고 한다. 따라서 건물을 도리어 앞으로 나오게 계획해서 다른 건물과의 상호작용 속으로 투입시키는 것이 더 나을 것이다. 그렇게 되면 건물은 도시망의 일부가 될 수는 있는 한편 일부 용적과 관련된 요소들은 해결되지 않은 미완의 상태로 노출된다. 사물을 인지하는 데는 미완성이라는 것이 존재하는 것이다.

형식의 미완성은 바로 건물 그 자체의 맥락으로 확장된다. 고대 로마 시대에 만들어진 하드리아누스 신전의 판테온에 관해 당시 건축가들은 판테온이 그 자체로 자기 지시적인 대상이라고 생각하지만 도시망 내에서 판테온은 그 주변을 둘러싸고 있는 비교적 눈에 덜 띄는 건물들과 공존한다. 여러 다른 건축적 기념비에서도 이와 같은 공존의 예를 찾아볼 수 있다. 런던의 세인트폴 성당, 뉴욕의 록펠러 센터, 파리의 아랍 월드 인스티튜트와 같이 모든 위대한 건축물은 주변에 일정한 자극을 불어넣는다. 도시적인 측면에서 문제가 되는 것은 주변의 건물들이 질적인 면에서 상대적으로 떨어진다는 점이 아니라 바로 이 자극이다. 건물이라는 하나의 존재는 그 주변에 다른 개발이 일어나게 하는, 그런 방식으로 위치하게 된다. 그리고 현재 건물들은 서로의 관계 속에서 특정한 도시적 가치를 얻는다. 건물 자체만 단독으로 보면, 그것은 결국 미완의 형식이 된다.

무엇보다 미완의 형식은 일종의 창의적 신조credo로 볼 수 있다. 조형예술에서 이 창의적 신조는 조각 작품을 만들 때 작가가 의도적으로 마무리 짓지 않고 남겨두는 방식으로 전달된다. 시의 경우에는, 시인 월리스 스티븐스Wallace Stevens의 말처럼 "파편의 공학engineering of the fragment"으로 전해진다. 건축가 피터 아이젠만Peter Eisenman은 "가벼운 건축light architecture"이라는 말로 이 같은 신조를 불러일으키고자 했다. 여기에서 가벼운 건축이란 무언가 더해질 수 있도록 계획이 된 건축, 그리고 보다 중요하게는, 시간이 흐름에 따라 달라지는 거주 방식과 그에 따른 필요에 맞게 내적으로 수정될 수 있는 건축을 의미한다.

이러한 신조는 '불안정한 도시'의 특징인 단순한 형식상의 대체에 반하는 것이다. 그러나 이를 위해서는 또 다른 무언가가 요구된다. 예컨대 사무실 건물들을 주거지 용도로 전환하려 할 때는 그 과정에서 나타나는 긴장감 같은 것을 감수해야 한다.

비선형적 내러티브

도시는 시간의 흐름에 따라 선형적으로 지어지지 않는다. 역사적 사건이 일어나면서 도시에서 살아가는 방식이 변화하고 그에 따라 도시 형태는 구불구불하게 형성된다. 그러나 매우 많은 경우 (물리적 의미의) 도시_ville_는 마치 특정 프로젝트가 순차적으로 개발되듯이 전체적으로 최소한의 변화만을 주면서 개념에서 완성으로 이어지게끔 계획된다. 당연히 처음부터 산술적인 계산을 통해 재료비와 인건비를 절감해야 하고, 공항이나 하수 시스템 같은 것들은 시행착오를 통해 만들 수 없다. 하지만 이런 것들은 대규모 건설 사업의 문제다. 이와 달리 주택이나 학교, 사무실, 가게 같은 단위에서는 비교적 작은 규모로 일이 진행되기 때문에 사용 방식이나 사용자가 변하면서 구조도 따라 변화할 수 있다.

미완의 형식은 이런 변화가 물리적으로 일어날 수 있게 만든다. 아상블라주처럼 결합되는 이 미완의 형식들로 인해 (사회적 의미의) 도시_cité_에서는 비선형적인 발전이 일어난다. 예컨대 런던시 동부 끝자락에 위치한 스피탈필즈Spitalfields에는 17세기 프랑스 위그노 교도들에 의해 직조업과 직공들이 유입되면서 재단업이 시작되었는데, 19세기 말에는 동유럽에서 런던으로 이주한 유태인 재단사들에게 길이 열렸고, 이에 따라 변이 가능한 건물들이 한데 모이는 일이 발생했다. 또한 20세기 초에는 인도 서부 지역의 건설업자들이 도착하기 시작했고, 20세기 중반에는 방글라데시인과 인도의 소기업들이 진입하기 시작했다. 그에 따라 변화 가능하고 유연한 형식의 건물들이 조합을 이루면서 서로 다른 집단은 이렇게 한 공간에서 자신들만의 삶의 방식을 만들어갈 수 있었다. 스피탈필즈가 고급 주택지화gentrification되면서 이민자들이 대부분 외부로 밀려나기 전까지 이들은 이같이 비정형적인 공존의 방식을 고안했고, 그것은 물리적 형식을 상황에 맞게 조정하는 방식과 맞아 떨어졌다.

이 역사는 누가 계획한 것이 아니다. 스피탈필즈에서는 '여기에 오신 이민자를 환영합니다'라는 사인을 내 건 적도 없다. 그럼에도 계획자들은 이 같은 자발적 성장에서 교훈을 얻을 수 있었다. 우리는 이런 작은 프로젝트들을 성찰하면서 일을 해나갈 수 있다. 다시 말해, 특정한 프로젝트가 펼쳐지는 무대에 집중하는 것이다. 구체적으로 어떤 요소가 먼저 발생하는지, 그리고 이 첫 번째 움직임이 어떤 결과로 이어질 것인가를 이해하려고 해야 한다. 모두 단일한 목표를 향해 발맞춰 걷는 것보다 각 디자인 프로세스의 무대에서 도출될 수 있는 서로 다른 가능성과 충돌의 가능성에 주목해야 한다. 이 같은 가능성을 건드리지 않고 대립적인 요소들이 상호 작용하도록 내버려둠으로써 디자인 시스템을 열어둘 수 있다.

소설가가 이야기의 첫머리에서 '어떤 일들이 벌어질 것'—인물들이 어떻게 될지, 이야기가 무엇을 의미하는지—이라고 밝히면 독자들은 금세 책을 덮어버릴 것이다. 좋은 내러티브는 어느 누구도 지금까지 보지 못한 것을 제시하고, 또 그 안에는 발견이라는 가치가 담겨 있다. 소설가의 예술적 작업은 그렇게 제시해가는 과정의 형태를 짜는 것이다. 도시 디자이너의 예술도 이와 마찬가지이다.

요컨대 열린 시스템이란 성장 과정에서 일어나는 충돌과 부조화를 수용하는 체계라고 정의할 수 있다. 바로 이것이 다윈 Charles Darwin이 이해하는 진화 개념의 핵심이다. 그는 성장 과정에서 적자생존(또는 가장 아름다운 것의 생존)보다 평형과 비평형 사이의 끊임없는 갈등을 강조한다. 형식적으로 경직되고 프로그램이 정체되어 있는 환경은 시간이 지나면 운이 다하게 된다. 이와 달리 생물 다양성은 자연 세계에 변화를 불러일으키는 자원을 공급한다.

생태적 비전은 인간의 합의에 대해서도 동일한 의미를 갖지만 이것이 20세기의 국가 계획을 이끌지는 못했다. 국가자본주의도, 국가사회주의도 모두 다윈이 자연 세계—유기물 간에, 서로 다른 기능 사이에 발생하는 상호작용을 허용하고 각기 다른 권력을 부여했던 환경—에서 이해했던 방식으로 성장의 개념을 받아들이지 않았다.

나는 열린 도시의 작용 시스템과 민주주의 정치를 연결시키는 과정을 통해 결론을 도출하고자 한다. 내가 그려내는 형식들이 과연 어떤 점에서 민주주의의 실천에 기여할 수 있을까?

민주적 공간

도시는 영토의 투과성 원리, 불완전한 형식, 비선형적 발전을 통합하는 열린 시스템으로 작동할 때 법적인 의미에서가 아니라 촉각적인 경험 측면에서 민주화된다.

과거에는 민주주의에 관한 생각이 형식적인 거버넌스 문제에 집중되어 있었다. 그러나 오늘날의 민주주의에서는 시민권과 참여의 문제에 초점이 맞춰지고 있다. 참여란 물리적 도시 및 도시 디자인과 모든 면에서 연관되어 있는 사안이다. 예컨대 고대 폴리스에서 아테네인들은 반원형의 극장을 정치적인 용도로 사용했다. 이 같은 형식의 건축에서는 토론할 때 연사의 말이 잘 들리고 잘 보일 뿐만 아니라 토론 중에 다른 사람들의 반응도 인지할 수 있었다.

근대 시기에는 이와 유사한 모델의 민주적 공간이 존재하지 않았고 도시 민주적 공간에 대한 뚜렷한 이미지도 전혀 없었다. 존 로크John Locke는 민주주의를 어디서나 실천할 수 있는 법적 체계 측면에서 정의했다. 토머스 제퍼슨Thomas Jefferson의 눈에 비친 민주주의는 도시 삶과 대치되는 것이었다. 그는 민주주의에서 요구되는 공간은 마을 규모보다 커서는 안 된다고 생각했다. 그의 이러한 관점은 계속 이어져 19-20세기를 지나면서 민주주의를 성공적으로 실천한다는 것은 곧 작은 지역 공동체나 대면 관계와 동일시되어왔다.

규모가 큰 오늘날의 도시는 이주민과 민족적 다양성으로 가득하고, 여기에서 사람들은 일, 가족, 소비 습관, 추구하는 레저 활동에 따라 여러 공동체에 동시에 속해 있다. 런던이나 뉴욕 같은 글로벌 도시에서 시민 참여와 관련된 핵심적인 이슈는 사람들이 알 수 없는 타인과 어떻게 물리적으로, 사회적으로 연결되었다고 생각할 수 있는가 하는 문제이다. 민주적인 공간이란 이렇게 낯선 타인들이 상호 작용할 수 있는 포럼을 구성하는 것을 의미한다.

2부. 무질서를 위한 인프라

파블로 센드라

3장. 종이에서 계획으로

내가 『무질서의 효용』[1]을 처음 읽은 것은 스물다섯 살, 그러니까 리처드 세넷이 이 책을 썼던 바로 그 나이였다. 2009년 초, 이 책을 읽기 시작했을 때는 자본주의의 위기와 경제 불황으로 인한 불확실성의 시대, 다양한 사회운동이 일어날 수 있는 기회의 시대가 열리기 시작했다. 실제로 2011년 스페인에서는 15-M 운동이, 그리고 미국과 영국 등지에서는 점거 운동The Occupy movement이 일어났다. 『무질서의 효용』의 초판이 출판된 것은 1970년이었는데, 2008년 출판본의 서문에서 세넷은 이 책이 1960년대 신좌익과 반문화 운동의 영향을 받았다고 밝히고 있다.[2]

1.. Sennett, *The Uses of Disorder*.
2.. 같은 책.

이러한 사회정치적 상황으로부터 영향 받는 과정에서 세넷이 취한 태도는 제인 제이콥스가 취했던 것과 같은 모더니즘 도시 디자인에 대한 반발과 차별화된다.[3] 세넷은 사회적 규범에 관한 쟁점에서 시작해 개인의 정체성 문제와 도시 삶이 정체성에 미치는 영향에 집중했다. 이러한 맥락에서 세넷은 도시적 경험 그리고 도시의 복잡성과 불확실성이 성인의 정체성, 즉 사람이 예기치 못했던 상황에 직면하고 차이를 마주할 수 있는 힘을 기르는 데 반드시 필요한 요건이라고 보았다. 세넷의 입장은 "도시 삶 속 이웃들 간의 작고 친밀한 관계"와 같이 과거 도시의 특성을 복구할 것을 주장했던 제이콥스의 입장과 이렇게 달랐다.[4] 세넷은 과거 이웃들 간의 낭만적 삶을 복구하기보다 사람들이 도시적 경험을 통해 무질서를 받아들이는 방법을 배우고 미래를 위한 도시 삶의 새로운 조건을 찾을 것을 제안했다. 그는 또한 계획을 통해 기능을 과도하게 규정하는 과정에서 이와 같이 예측할 수 없는 마주침이 제거되고 사회적 상호작용이 방해받을 수 있다는 점을 밝혔다.

『무질서의 효용』이 출판된 지 50년이 지난 지금도 도시 재생 계획에서는 여전히 원치 않는 행위를 제거하는 방안을 모색하고 비정형성을 길들이려 한다. 이 책에서 펼치는 논지는 50년이 지난 현재까지 유효한 가치를 지니고 있고, 나는 거기에서 출발해 '건축

3.. Jane Jacobs, *The Death and Life of Great American Cities*, Modern Library, 1993 [1961]; [국역본] 제인 제이콥스, 『미국 대도시의 죽음과 삶』, 유강은 옮김(그린비, 2010).
4.. Sennett, *The Uses of Disorder*, p. 51.

가와 계획자들이 무질서를 디자인할 수 있을까?'라는 물음을 던지게 되었다.

1960년대에 세넷이 규명했던 도시 삶의 제약은 대단히 정치적인 맥락에서 프레임에 갇혀 있었고 여기에는 특정 사회적 규범도 더해졌다. 그리고 이것은 대규모 주택 건설과 도시 도로망, 교외 지역에 마련된 여유로운 난민 공동체를 포함한 주요 도시 개선 계획을 통해 알려졌다. 사회정치적 맥락이 변화한 오늘날에도 도시계획과 디자인을 통해 질서를 부여하려는 경향은 여전히 남아 있다.

1960년대와 2010년대는 공통적으로 기존에 부여된 질서, 사회적 통제, 불평등 문제를 악화시키고 소외를 야기하는 도시 개발에 저항하는 쟁점과 행동의 시대였다. 오늘날의 도시에 어떤 종류의 무질서가 필요한지 이해하기 위해서는 다양한 형태로 부여된 질서가 무엇인지, 그리고 그것이 어떤 식으로 저항에 부딪히게 되었는지 인지해야 한다.

여기서 말하는 무질서는 마치 포스트모더니즘이 모더니즘에 대응하기 위해 시도했던 것 같은 융통성 없는 디자인의 형태도 아니고, 무질서한 도시·건축 디자인을 함의하지도 않는다. 이와 정반대로 우리는 무질서를 기존에 부여된 질서에 대해 논쟁을 불러일으키는 것으로 이해한다. 도시계획과 디자인을 통해 사회 통제에 관한 이러한 시행 규칙들에 변화가 일어나기 시작했고, 그러면서 무질서는 정지되어 있지 않고 역동적으로 변화를 꾀하며 시스템에 도전하고 대안을 제시한다.

1960년대 후반, 리처드 세넷이『무질서의 효용』을 저술했을 당시 미국은 냉전과 베트남 전쟁의 분위기에 휩싸여 있었다. 2008년 출판본의 서문에서 세넷 자신이 회고하듯이 당시에는 행동주의가 일어나고 있었고, 젊은이들은 자신들이 "혁명적 변화의 전환점",[5] 그리고 자본주의가 내적으로 파열하는 변화의 지점에 놓여 있다고 생각했다. 이미 실패한 시스템에 도전할 수 있는 기회라는 지극히 드문 결정적 순간을 살아간다는 것은 15-M 운동에 참여했던 젊은이들이나 그 뒤를 이어 등장한 활동가, 정치적 발의체들이 가졌던 기분과 흡사했다.

2008년, 스페인은 불시에 금융 위기에 빠졌다. 경제 위기, 높은 실업률, 모기지를 지불할 수 없어 살던 집에서 쫓겨나야 했던 수많은 가족, 권력층에 특권을 부여하는 시스템에 대한 불만 등은 광범위한 사회 불안으로 이어졌고, 이는 결국 2011년 5월 15일에 스페인 각 도시의 중앙 광장을 점거하는 운동으로 귀결되었다.

15-M 운동은 마드리드에서 시작해 순식간에 스페인의 모든 도시로 확산되었다. 이때 시위에 참가한 사람들은 낮에는 대안적 미래를 상상하고 밤에는 광장에서 캠핑을 했다. 현 상태에 만족하며 편히 살아왔던 세대가 2011년 5월 15일 깨어나, 위기의 순간에 은행가와 경제 권력자들에게 이익을 안겨주는 부당한 시스템에 저항했다. 15-M 운동은 세대를 가로질렀다. 물론 시위대는 나 같

5.. Sennett, *The Uses of Disorder*, p. xi. 2008년 출판본 서문.

그림2. 엔카르나시온 광장(일반적으로 버섯을 의미하는 라스 세타스Las Setas로 불림)의 15-M 시위, 스페인 세비야, 2022년 5월. 이미지: 파블로 F. J. (Flickr), CC BY 2.0.

은 젊은 세대가 높은 비중을 차지했지만 이들의 운동은 폭넓은 지원을 받았다.

사람들이 광장 캠핑을 멈추면서 시작된 정기 집회의 목표는 자본주의가 아닌 대안적 미래를 상상하는 것이었다. 15-M이 일어나고 3년이 지난 후, 이 운동의 이상을 기반으로 한 포데모스Pode-mos라는 정당이 출현했다. 이들은 마르크스가 1871년 파리 코뮌을 설명하기 위해 사용했던 "아살타르 로스 시엘로스Asaltar los cielos(폭풍이 몰아치는 천국)"라는 표현을 사용했다.[6] 이 당에서는 여러 사회운동을 하나로 통일할 것을 촉구하고, 우리 모두 기존 시스템에 저항할 수 있는 마지막 순간에 놓여 있다는 생각과 풀뿌리에서 자라난 정부를 수립한다는 아이디어를 전했다.

이 당의 공동 창립자인 인니고 에레욘Íñigo Errejón[7]은 벨기에 정치철학자 샹탈 무페Chantal Mouffet와의 대화에서 시스템이 실패하면서 기회의 창이 열렸으나 이것은 곧 권력자들에 의해 다시 닫힐 것이라고 설명했다.[8]

시스템에 변화를 제기할 수 있는 기회의 순간에 놓여 있다는 분위기는 지식인들 사이에서도 만연했다. 나는 2011년 10월 점거 운동이 일어났을 당시 케임브리지 대학교에서 몇 달간 지내고

---

6. José Ignacio Torreblanca, *Asaltar los cielos: Podemos o la política después de la crisis*, Barcelona: Debate, Penguin Random House, 2015, pp. 13–14.
7. [옮긴이] 스페인의 정치가 겸 정치학자.
8. Íñigo Errejón and Chantal Mouffe, *Construir Pueblo: Hegemonía y Radicalización de la Democracia*, Barcelona: Icaria, 2015, p. 103.

있었는데, 이때 마누엘 카스텔스Manuel Castells가 아랍의 봄과 스페인의 인디그나도스Indignados 운동 같은 사회운동에서 기술technology이 해내는 역할에 관한 연구를 발표하고 몇몇 강연을 하기 위해 이곳에 왔다. 세넷은 뉴욕의 점거 운동 기간에 케임브리지 대학교와 런던의 서펜타인 갤러리 파빌리온에서 사회적 상호작용에 대한 강연을 했다.

한편, 인니고 에레욘은 이 같은 시스템의 위기를 결코 놓칠 수 없는 짧은 기회라고 판단하면서도 신자유주의로 인해 파편화된 사회를 재건해야 하는 장기적인 과업에 대해 설명했다.

50년 전, 『무질서의 효용』에서도 이 장기적인 변화에 대해 논의되었었다. 이러한 변화를 일으키기 위해서는 정치 지도자를 교체하는 정도를 넘어서서 변혁 이후에 무슨 일이 일어날지에 대해 반드시 생각해야 한다. 1960년대 말에 일어난 저항 운동의 맥락에서 리처드 세넷은 '신무정부주의'를 지지했는데, 여기에서 말하는 '신무정부주의'란 사람들이 각자의 삶에서 무질서를 유용한 힘으로 받아들이는 것을 배우는 장을 의미한다. 그는 특히 다양성이 공존하고 사람들이 밀집해 있는 도시에서 이처럼 무질서를 수용하는 일이 일어나야 한다고 보고, "도시에 기반한 대규모 관료주의"를 "더 나은 공동의 삶"으로 전환하는 입장에 섰다.[9] 신무정부주의는 현 시스템을 거부했을 뿐만 아니라 대도시의 관료주의적

---

9. Sennett, *The Uses of Disorder*, p. xxii.

권력을 재구축하는 실행 가능한 대안을 제시했다.

이 새로운 시스템은 탈중심화와 지역주의를 결합하면서, 권력을 지역에 양도하고 경제 자원을 지역 공동체에 제공하고자 하는데, 이때 재화를 분배하고 특정 서비스를 조정하는 중앙의 권력은 제한된다. 세넷은 바로 이 탈중심화를 통해 더 많은 사람들이 도시계획에 참여할 것을 제안했다.

1970년대에 일어난 신무정부주의 사례로는 런던의 스쾃터[무단 주거 점거자] 운동을 들 수 있다. 알렉산더 바수데반Alexander Vasudevan이 그의 저서 『자율 도시The Autonomous City』에서 언급했듯이, 1968년 런던에서는 새로운 스쾃팅squatting 붐이 일어났다.[10] 바수데반은 스쾃팅이 몇 차례 성공한 후에 이어서 런던 전역에 걸쳐 몇몇 계획이 수립되고 런던시에서 수많은 지역 점거가 발생하는 과정을 설명한다. 그는 또한 이러한 스쾃팅을 단순히 주택을 얻기 위한 몸부림으로 보지 않고, 세넷이 이 책에서 견지하는 입장과 마찬가지로, 이 행동이 공동체 안에서 살아가는 새로운 방식을 제안한다고 해석한다. 바수데반은 스쾃팅 그룹과 이들의 캠페인을 국제 상황주의자Situationist International, 무정부주의자, 그 밖의 좌익 단체, 페미니스트, LGBTQ+ 콜렉티브 같은 다른 집단의 운동과도

---

10. Alexander Vasudevan, *The Autonomous City*, London and New York: Verso, 2016. 바수데반은 Ron Bailey, *The Squatters*, London: Penguin, 1973, p. 21를 인용하며, 새롭게 바람을 일으킨 이 스쾃팅이 원래 양차 대전 사이에 처음 일어난 다른 운동들에 뿌리를 두고 있다고 설명한다.

연결시켜 설명한다.[11]

일례로 런던 서부 프레스톤 로드에 위치한 그레이터런던 Greater London[12] 위원회 소유의 버려진 거주지에서 스쾃팅을 한 이성애자 그룹인 프레스토니아Frestonia의 경우를 보자. 아티스트와 행동주의자로 구성된 이들은 주택을 철거한다는 발표에 맞서 창조적인 대응에 시동을 걸었다. 이 그룹은 집단적인 차원에서 '브램리Bramley'라는 성姓을 채택하기로 결정하고 대영제국으로부터의 독립을 선언했다. 그레이터런 위원회에는 새 집을 마련할 때 가족 구성원이 하나의 가족 단위로 모두 함께 이주하는 방침이 정해져 있었다. 따라서 성을 붙이는 전략은 그레이터런던 위원회의 정책에 맞서기 위한 하나의 대응 방식으로 볼 수 있다.

다음으로, 프레스토니아의 외무부 장관인 배우 데이비드 라파포르트브램리David Rappaport-Bramley는 유엔에 보내는 서신을 통해 자신들의 자기 결정에 대한 내용을 전하고, 프레스토니아 자유독립공화국을 공식 유엔 가입국으로 인정해줄 것을 요구하는 신청 과정을 거쳤다. 유엔에 보낸 이 문서에서 이들은 "그레이터런던 당국과 다른 영국 정부 기관들이 프레스토니아를 침략하거나 자신들을 추방할" 가능성에 대한 위험을 경고했다.[13] 이들이 독립을

---

11. Vasudevan, *The Autonomous City*.
12. [옮긴이] 런던시를 중심으로 한 대도시주.
13. The Free Independent Republic of Frestonia, Application to the United Nations, 1977, http://www.frestonia.org/application-to-the-united-nations/, 2018. 7. 10 접속.

선언하는 순간부터 프레스토니아를 방문하는 이들은 여권에 도장을 찍고 무제한 입국 비자를 발급받았다. 유엔에서는 이들의 신청에 답변한 적이 없지만 이 사건은 수많은 미디어의 관심을 끌었고, 그레이터런던 당국은 결국 이 스쿼터들과 협상을 할 수밖에 없는 상황이 되었다. 그 후 이들은 브램리 하우징 조합을 만들고 노팅힐 주택 신용과 협력해 새 집들을 건축했다.[14]

1970년대 말 이후로 그레이터런던 위원회에서는 스쿼팅을 주택 조합으로 변형시키는 일을 시행해왔다. 바수데반의 설명처럼, 이러한 정책은 스쿼팅을 하는 많은 사람들의 거주를 안정시키는 한편, 런던에서 일어나는 스쿼팅 문제를 다소 중화시키기도 했다.[15] 현행법에 반하는 상황을 합법화하기 위해 지역 당국과 협상할 것인가에 관한 논쟁은 1970년대 행동주의 운동에도 존재했고 그 문제는 오늘날에도 계속되고 있다. 이러한 긴장은 매우 타당한 논의를 불러일으킨다. 이 같은 협상으로 인해 무질서는 과연 어느 정도로 중화되는가? 이러한 것들이 대안적인 미래를 생산하고 또 공동체에서 살아가기 위한 보다 포괄적인 형식을 만들어내는 정치적 승리라고 볼 수 있을까?

1970년대에 일어난 런던의 신무정부주의에 상응하는 일이

14. http://www.frestonia.org 참고; 다큐멘터리 영화 'Westway: Four Decades of Community Activism'(파블로 센드라 감독, 2016; 마르코 피카르디 연구의 일부), https://www.youtube.com/watch?v=fzohsfO3lBE, 2017. 2. 27 업로드; Vasudevan, *The Autonomous City* 참고.
15. Vasudevan, *The Autonomous City*.

2010년대에 다시 일어났다. 여기에서 공동체 그룹들은 대안적 콜렉티브 전략을 제시하는 방식으로 신자유주의적 긴축 정책에 반대해왔다. 비교적 최근에 일어난 이 행동에서 세입자 단체와 사회주택social housing에 거주하는 이들은 자신들의 주거지 철거를 중단시키고 공동체가 주도하는 대안적 계획을 제안하기 위한 다양한 전략을 공개하는 방안을 채택하고 있다.[16] 이 방안에는 빈 건물을 점거하는 것과 같은 직접적인 행동에서부터 계획 프로세스에 적극적으로 참여하는 방법까지 포함된다. 후자의 경우, 집을 지역 당국에서 공동체가 소유한 기업으로 넘기는 것을 제안하는 일, 그리고/또는 마을 계획을 통해 택지를 재생할 수 있는 자신들만의 계획—2011년 영국 지역주권법English Localism Act에 의해 마련된 합법적 계획 틀—을 시행한다는 목적을 가지고 여러 공동체가 모여 하나의 공동체 토지 신용을 만드는 사업이 포함된다.

이 그룹들이 강력하고 활발한 개입을 하게 되면서 결과적으로 거주민들은 정의롭지 못한 일이나 계획에 맞서는 데 전문가가 되었다. 램베스의 크로싱험 가든스Cressingham Gardens, 해머스미스의 웨스트 킹스턴West Kensington 및 풀험의 깁스 그린Gibbs Green—주민들이 철거와 재생 계획에 저항하고 반대하는 런던의 두 사회주택 지대—땅에 거주하는 주민들이 주도한 이 같은 캠페인은 행동을 취할 수 있는 거주민들의 강한 힘을 보여주고, 주민들은 계획에 대

16. Pablo Sendra, 'Assemblages for Community-led Social Housing Regeneration: Activism, Big Society and Localism', *City* 22 (2018. 5-6), pp. 738–62.

한 지식을 습득하면서 전문가들과의 협력을 통해 공동체가 주도하는 (나아가 공동체가 소유하는) 대안적 재생 계획을 제안한다.

이는 "일반인들이 시의 기획자 및 지도층만큼 적극적으로 개입하도록 장을 급진적으로 확장"하기 위한 리처드 세넷의 제안과 연결된다.[17] 이것은 또한 위로부터의 진행 과정에 반대하는 저항 형태를 재현할 뿐만 아니라, 아래로부터 일어나는 대안적 공동체 삶의 방식을 제안한다. 이 캠페인의 일부 내용은 이미 제도적인 결정 과정에 영향을 미치고 있고, 지역 당국에서 민간 개발업자들과 맺은 협상을 파기하도록 설득해내기도 했다. 오늘날 신자유주의 도시 런던에서 권력을 부동산 개발업자에게서 일반인에게 이양하는 것은 요원한 일처럼 보이기도 한다. 그러나 이 공동체 그룹들이 전망하는 미래, 콜렉티브의 소유권 같은 아이디어를 포함하는 비전은 더욱 공정한 도시를 집단적으로 건설할 수 있는 하나의 모델이 될 수 있다.

그러나 이러한 대안적 공동체 삶의 형식을 공동체 단위에서 도시 전체 단위로 어떻게 확장시킬 수 있을까? 이 문제는 행동주의와 사회운동을 위한 거대한 도전으로 남아 있다.

권력 논쟁을 도시 단위로 확장하는 데는 두 가지 방법이 있다. 하나는 네트워크이고 또 다른 하나는 지방자치제이다. 이 두 가지는 서로 배척되는 관계가 아니다. 반대로 이 둘은 모두 필수

---

17. Sennett, *The Uses of Disorder*, p. 166.

요소로, 상호 보완적이면서 지속적으로 상호작용을 한다. 네트워크는 대안적 형태의 거버넌스와 공동체 삶을 제안하는 상호 연결된 지역 발의체를 형성하면서 끊임없는 움직임의 상태를 아래로부터 유지하는 방안을 제시한다. 지방자치제는 기존의 제도들institutions을 보다 열린 민주적 구조로 변형시킬 수 있는 방법에 대한 영감을 제공한다.

　　최근 런던에서 있었던 행동에 관여할 당시 나는 런던 전역에 걸쳐 연결되어 있는 캠페인 네트워크인 저스트 스페이스Just Space[18]와 협력했다. 저스트 스페이스의 목적은 풀뿌리 조직들의 목소리를 시의 도시계획에 포함시키는 것이다. 이 단체와 협업하는 과정에서 나는 이들과 유사한 어려움에 봉착한 공동체들 사이에 동맹을 형성하고 대안적 해결 방안을 모색하기 위해 이 같은 네트워크가 얼마나 중요한지 몸소 경험할 수 있었다. 첫째, 동맹은 공동체 사이에 연대를 만들고, 이를 통해 현재 거주 공간에서 밀려날 위험에 처한 거주민이나 지역 상인들은 그 안에서 자신이 혼자가 아님을 느낄 수 있다. 둘째, 이러한 공동체들은 권력에 도전하고 대안적 지배 형식과 도시계획 방식을 어떻게 제안할 수 있을지 그 방법을 서로 배워나간다. 공동체 사이에서 이루어지는 이 같은 지식과 기술의 교류를 통해 거주민, 세입자, 지역 상인들 사이에 광범위한 힘과 전문성이 길러지고, 이들은 도시계획에 관해 보다 힘

18. https://justspace.org.uk 참고.

있는 목소리를 가질 수 있다. 셋째, 이들은 런던 전역을 아우르는 공동체 조직 연맹을 조직함으로써 계획 결정에 영향력을 발휘할 수 있고, 도시의 전략이 보다 포용적이고 민주적인 방향으로 나아가는 방안을 콜렉티브 차원에서 목소리로 제안할 수 있는 힘을 지니게 된다.[19]

운동 네트워크를 형성한다는 아이디어는 다양한 자치 단체 사이에 위계가 없는 콜렉티브 연합을 형성한다는 무정부주의적 발상에 기반한다. 1970년대 런던 스쾃팅 운동 중에도 이 같은 네트워크를 만들려는 시도가 있었다.[20] 오늘날에는 도시 단위에서 나아가 국제적인 단위에서 조직된 다양한 주택 조합 연합체 사례가 있는데, 이들은 특정 가치와 원칙을 공유하고 정기적인 미팅을 통해 자신들의 생각을 수정하면서 협동 체제를 향상시킨다.[21]

이 네트워크는 기성 제도들과 끊임없이 교류하면서 시의 권한에 도전하고 이들을 보다 열린 포용적 형태의 거버넌스로 변화시켜야 한다.[22] 2015년 5월 25일 15-M이 일어나고 그 4년 뒤, 스페인

19. Just Space, *Towards a Community-Led Plan for London*, 2016, https://justspacelondon.files.wordpress.com/2013/09/just-space-a4-community-led-london-plan.pdf, 2019. 6. 25 접속.

20. Vasudevan, *The Autonomous City*.

21. 런던주택조합연맹(London Federation of Housing Coops) 사례 참고, http://londonnasuwt.org.uk/lfhc/, 2019. 6. 14 접속.

22. Laura Roth and Kate Shea Baird, 'Municipalism and the Feminization of Politics', *Roar Magazine*, 6, 2018. https://roarmag.org/magazine/municipalism-feminization-urban-politics/ 참고.

에서는 다양한 운동이 일어났는데, 여기에서 사회운동이 시 단위 제도로 들어간 좋은 사례를 찾아볼 수 있다. 이들은 지방자치제 정치 발의체를 수립했고, 마드리드, 바르셀로나, 라코루냐A Coruña, 카디스, 사라고사 같은 도시에서는 시 의회 선거에서 승리를 거두었다.[23]

시 정치에 활동가들이 참여하게 되면 관료주의적인 도시 구조를 더욱 열린 형태의 거버넌스로 변화시킬 수 있다. 이렇게 열린 시 정부에서는 사적 이윤 때문에 생기는 도시의 불평등 심화를 막아왔다. 예를 들어 2018년 바르셀로나에서는 다양한 분야가 얽혀 있는 시 주도의 회사를 자체적으로 만들어 연료 빈곤 문제에 저항하고, 또 무허가 여행자 아파트 규제에 맞서 싸워나가고 있다. 나아가 이들 시 당국에서는 한층 더 열린 거버넌스와 자원의 분배를 실험하고 있다. 이들은 도시 기획 실험 과정, 예컨대 오픈소스 플랫폼을 통해 경제적 자원을 공동체 발의자들에게 분배하는 참여적 시스템 같은 부문에서 공동체에 적극적으로 개입하고 있다.

『무질서의 효용』에서 세넷이 '새로운 도시 제도'를 만들기 위해 제안한 첫 번째 변화는 바로 계획 과정에 참여하는 시민의 수

---

23. 이 책을 마무리하던 2019년 지역 선거 결과, 시 차원의 이러한 발의들 중 일부는 선거 패배 혹은 지역 정부를 수립한 충분한 의석을 확보하지 못했다. 이 다섯 개 도시 중 바르셀로나와 카디스에서만 지방자치 시장이 선출되었다.

를 늘리는 것이다.[24] 두 번째 변화는 보다 수평적인 형태의 거버넌스를 장려하는 문제와 연관된다. 아다 콜라우Ada Colau(바르셀로나 시장)와 마누엘라 카르메나Manuela Carmena(2019년 6월까지 마드리드 시장)는 모두 카리스마 넘치는 지도자의 면모를 보였던 반면, 이들의 행정부는 수평적으로 통치했다. 바르셀로나 엔 코무Barcelona in Comú(바르셀로나 인 커먼)의 라우라 로스Laura Roth와 케이트 셰어 베어드Kate Shea Baird는 이 비위계적인 입장을 "정치의 여성화 feminization of politics"[25]라고 설명하는데, 여기에서는 의사결정 과정에 지역민들로 구성된 의회와 위원회가 참여하는 등의 방식으로 위계적인 구조가 보다 협력적인 접근으로 대체된다.

　세넷이 제안하는 세 번째 제도 차원의 변화는 "가족 중심적 현상"을 약화시키는 것이다.[26] 지난 50년 사이에 사회는 많은 변화를 겪었다. 늦은 나이에 아이를 갖는 사람들이 많아지고 가족의 구조가 한층 다양해졌으며, LGBTQ+ 권리에 대한 인식에서 근본적인 진전이 이루어졌다. 여기에는 상당 부분 사회운동의 압박이 있었고, 또 결혼 평등권 같은 정책을 실행해온 정부와 운동가들 사이에 상호 교류가 있었기에 이 같은 진전이 가능했다. 스페인의 경우에는 여러 사회운동과 LGBTQ+ 활동가 페드로 제롤로Pedro Zerolo의 정치 참여가 2005년 결혼 평등권(자녀 입양권을 포함해)이

24. Sennett, *The Uses of Disorder*, p. 166.
25. Roth and Shea Baird, 'Municipalism and the Feminization of Politics' 참고.
26. Sennett, *The Uses of Disorder*, p. 166.

채택되는 데 강력한 영향을 주었다. 그 후로 LGBTQ+ 정치인들은 더 큰 목소리를 내고 있고, 이는 스페인 내 가족 구성의 다양성에 영향을 주고 있다.

안드레스 자크Andrés Jaque와 그의 정치 혁신 사무소에서는 현대 가정이 어떤 식으로 더욱 복잡해지고 다양화되어왔는지 연구해오고 있다. 자크에 따르면, 이 현상은 가정이라는 영역을 논쟁과 협상의 '무대arena'로 변모시켜왔다.[27] 나아가 2018년과 2019년 3월 8일, 두 차례에 걸쳐 어마어마한 인원이 참가한 여성 가두 행진이 펼쳐졌는데, 여기에서는 가부장적 사회에 도전하는 페미니즘에 관한 공공의 논의가 강조되었다.

풀뿌리 네트워크와 지방자치제가 공존하면서 지속적으로 상호 작용하는 것은 본질적인 부분이다. 라우라 로스와 케이트 셰어베어드는 이 상호작용을 "지역 제도 내부와 외부 사이의 창조적 긴장"이며,[28] 이 안에서 풀뿌리 운동과 네트워크가 지역 정부에 압력을 가하고 의사결정 과정에 참여할 수 있게 된다고 설명한다. 바르셀로나 엔 코무 같은 시 정부에서는 사회운동이 주는 압력을 긍정적이고 또 필요한 것으로 보는데, 그 이유는 이 힘으로 인해 다른 이해관계에서 오는 압력에 맞서 균형을 맞출 수 있기 때문이다. 아다 콜라우는 2019년 바르셀로나 시장으로 재선되었을 당시 첫 번째 연설에서 지난 4년간의 첫 임기 동안 자신의 정부가 성공

---

27. Andrés Jaque, *Dulces Arenas Cotidianas*, Seville: Lugadero, 2013.
28. Roth and Shea Baird, 'Municipalism and the Feminization of Politics' 참고.

을 거둘 수 있었던 이유가 바로 이런 사회운동이 변화를 이끌었기 때문이라고 말했다.

기존에 부여되어 있는 질서에 이의를 제기하는 이런 운동이 50년 전에는 어떻게 일어났으며 오늘날의 모습은 어떠한가? 런던 켄싱턴 북부의 웨스트웨이를 따라 일어난 공동체 저항은 오늘날의 행동과 50년 전 행동 사이의 연결성을 잘 보여준다. 활동가들은 다양한 형태의 기존 질서에 맞서 각각의 문제를 쟁점화해왔는데, 1960년대 말에 일어났던 일과 현재 벌어지는 행동 사이에는 연결 고리가 존재한다.

웨스트웨이는 포르토벨로 런던 켄싱턴 북부(로드 마켓으로 유명한 런던 서부 지역에 위치)를 가로지르는 고가도로이다. 이 고가도로는, 1964년 그 지역 주택 철거가 시작된 이후, 1966년부터 1970년[29] 사이에 지어졌다. 이것은 '런던 모터웨이 박스London motorway box'라고 하는 야심찬 순환도로 건설 계획의 일부였다. 런던 중심부를 에워싸는 이 순환도로가 실제 전체적으로 건설되었다면 아마 수천 채의 집이 철거되었을 것이다. 그러나 런던의 다른 지역에서 활동하는 단체들의 강한 반대와 '길보다 집Homes Before Roads'이라는 정당이 만들어진 후 1973년에 이 계획은 취소되었다.[30] 웨

---

29. 철거가 시작된 것은 1964년이고, 고가도로는 1966년 착공해 1970년에 완공되었다. 웨스트웨이23 캠페인의 상세 일정표는 웹사이트 참고, https://www.westway23.org/westway-timeline, 2018.5.25 접속.

30. Derek Wall, *Earth First! and the Anti-Roads Movement: Radical Environmentalism and Comparative Social Movement*, New York: Routledge,

스트웨이는 순환도로 계획 중에서 실제 건설된 몇 안 되는 흔적 중 하나이다. 이로 인해 낙후된 공동체의 수많은 집들이 철거되었고 사람들이 거주하던 동네는 6년 동안 대규모 건설 현장으로 변해버렸다.

철거 과정에서 런던 프리 스쿨London Free School이라는 공동체 행동 단체—1966년 제1회 노팅힐 카니발의 주최자들—는 철거된 일부 공간을 놀이 목적으로 사용하기 시작했다.[31] 놀 수 있는 공간이 필요해지면서 노스켄싱턴 플레이스페이스 그룹North Kensington Playspace Group이 설립되었고, 이들은 더 많은 공간을 요구하기 시작했다.[32] 위원회 측에서 웨스트웨이 아래 공간에 주차장 건설을 계획하는 사이에 주민들은 이 공간 사용에 대한 허가가 아직은 필요하지 않다는 것을 알아챘고, 그래서 웨스트웨이 아래 공간이 공동체에게 주어져야 한다고 주장했다.

이 몇 년의 기간 동안 지역민들은 웨스트웨이 아래, 세인트 막스 로드와 래드브로크 그로브 사이에, 주민들 스스로 만들어가는 놀이 공간 류의 공동체 공간을 만들어갔다. 수년에 걸친 캠페인을 통해 1971년에는 노스켄싱턴 생활편의시설 신탁North Kensington Amenity Trust이 구성되었는데, 이 조직의 목표는 도로 건설로 야기

1999.

31. Tom Vague, *Getting it Straight in Notting Hill Gate: A West London Psychogeography Report*, (eBook) Bread and Circuses, 2012.
32. 웨스트웨이23 캠페인 상세 일정표 웹사이트 참고.

그림3. 웨스트웨이 고가도로 아래, 세인트 막스 로드St Marks Road 인근에
자리한 놀이 공간, 1968. 사진: 애덤 리치.

된 피해 보상 차원에서 웨스트웨이 아래 공간 23에이커를 공동체에 넘겨주는 것이었다.[33] 주민들 입장에서 보면 이것은 중대한 승리였지만, 이 신탁을 켄싱턴 & 첼시 위원회에서 통제한다는 데 대해 캠페인 참가자들 사이에서는 여전히 불만이 남아 있었다.[34]

노스켄싱턴은 1960-70년대 런던 반문화 운동 당시에 핵심적인 장소로 기능했다.[35] 1960년대 웨스트웨이 공동체의 공간 환원 요구에 뒤이어 1970년대에는 프레스토니아나 민와일 가든스Meanwhile Gardens—웨스트웨이 인근에 위치한 공원 및 공동체 인프라로, 철로와 운하 사이에 버려진 작은 땅에 주민들이 시설물을 지은 아래로부터의 실천이다[36]—같은 발의 조직들이 이곳에서 나났다. 이 모든 무정부주의적 도시의 사례는 『무질서의 효용』에서 언급되고 있다.

노스켄싱턴은 1960-70년대 환경을 보여주는 좋은 사례였지만, 우리는 이것이 오늘날 신자유주의 도시의 역설적인 개발 양상을 잘 드러낸다는 점도 기억해야 한다. 이는 1970년대에 변혁으로 여겨졌던 많은 것을 초자본주의hypercapitalism 도시가 점유하고 상업화해온 과정을 보여주는 사례이다.

예컨대 2015년, 웨스트웨이 트러스트(전 노스켄싱턴 생활편의시

---

33. 웨스트웨이23 캠페인 상세 일정표 웹사이트 참고.
34. 웨스트웨이23 캠페인 상세 일정표 내 David Wilcox의 1970년도 아티클 참고.
35. Tom Vague, *Getting it Straight in Notting Hill Gate* 참고.
36. Jamie McCullough, *Meanwhile Gardens*, London: Calouste Gulbenkian Foundation, 1988 [1978].

설 신탁)에서는 '데스티네이션 웨스트웨이Destination Westway'라는 상업적인 기획에 착수했다. 이 계획의 목적은 트러스트에서 관리하던 공간을 소매업 공간으로 전환하기 위한 것으로, 여기에는 포르토벨로 그린 마켓에 있던 대형 천막 구조를 신축 건물로 교체하는 내용이 포함되어 있었다. 이 계획은 공동체의 강력한 반대에 부딪히게 되는데,[37] 주민들은 웨스트웨이23이라는 이름의 캠페인을 구성하고 23에이커의 대지가 공동체를 위한 용도로 사용되어야 한다고 주장했다. 결과적으로 대형 천막 대체 계획은 취소되었지만 주민들의 캠페인은 계속 이어지고 있다.

2016년 11월, 나는 캠페인 활동가들을 만났는데, 시빅와이즈[38] 주최의 가두 행진을 이끌던 마르코 피카르디Marco Picardi는 우리를 웨스트웨이와 관계된 다른 공동체 활동가와 조직이 있는 곳으로 데려가 소개해주었다. 이들은 이 지역 공동체 저항의 역사를 서로 공유하고 있었다. 나는 웨스트웨이를 지키기 위한 행동에 관한 단편 다큐멘터리를 제작했는데, 여기에서 웨스트웨이23 출신의 지역 활동가인 토비 로렌트 벨슨Toby Laurent Belson은 웨스트웨이의 역사와 현재 캠페인을 설명한다.[39] 그 후 웨스트웨이23과 나는 도시계획을

---

37. Petition 'Save Portobello Road from the Portobello Village/WestwaySpace', 38 Degrees. https://you.38degrees.org.uk/petitions/save-portobello-raod-from-the-portobello-village-westway-space-1, 2019.9.16 접속.

38. CivicWise는 협력적 어버니즘, 시민 혁신, 콜렉티브 인텔리전스 관련 작업을 하는 네트워크이다. https://civicwise.org 참고.

39. CivicWise, 'Westway: Four Decades of Community Activism'.

전공하는 학생들을 위한 여름 학교를 공동으로 조직하면서 더 많이 협력했다.[40]

웨스트웨이23은 신자유주의 도시에서 나타난 여러 가지 질서—불평등을 심화하는—에 이의를 제기하는 일련의 지역 캠페인 중 하나이다. 웨스트웨이23에서는 웨스트웨이 아래 공간을 진정으로 공동체를 위해 사용할 것을 주장하는 한편, 다른 인근 지역에서는 지역 도서관 사용을 두고 위원회에 맞서는 캠페인을 펼쳤다. 위원회에서는 이곳을 부유층 자녀들의 유치원 용도로 임대할 계획을 갖고 있었지만 이들은 도서관을 공공 공간으로 남겨둬야 한다고 주장했다.[41] 또 다른 그룹에서는 평생 교육 대학이 더 큰 규모의 조직에 합병될 경우 교육 시설이 결국 없어질 수도 있다는 우려에서 이에 반대했다.[42] 이렇듯 이 지역에서는 사회주택을 위한 투자의 부재와 관리 부실에 대한 비판이 지속적으로 이루어졌다. 이러한 문제는 최소 72명의 사망자가 발생했던 인근 그렌펠 타워 화재Grenfell Tower fire라는 비극으로 참혹하게 정점을 찍었다.

이런 캠페인들은 신자유주의 도시에 안겨진 부담에 맞서 싸우고 공동체에 힘을 부여하는 대안적 미래를 주장한다. 이들은 내핍, 잘못된 관리, 사회주택과 사회적 청결/미화에 대한 투자의 부재, 그

---

40. Pablo Sendra, 'Civic Design UCL Summer School', in *Civic Design*, eds. C. Ciancio and M. Reig Alberola, Civic Innovation School, 2018, pp. 298–99.
41. 그렌펠 타워 화재와 강력한 커뮤니티 반대에 부딪힌 이후 위원회에서는 도서관을 유치원에 임대하는 계획을 철회했다.
42. 이 합병도 중단되었다.

리고 특권층의 요구에만 목소리를 내는 위로부터의 의사결정 방식에 맞서 싸우면서 공공 자산의 보존, 보다 더 공동체적인 주체로 관리되는 공간, 공동체를 위한 교육 시설 등을 요구했다.

그렌펠 타워의 비극적 화재는 이 지역에 관심을 집중시키는 계기가 되었다. 2017년 6월 14일, 이 지역의 공동체는 연대를 통해 재앙에 대응했다. 지역 활동가들은 아클람 로드에 위치한 웨스트웨이 아래 공간을 차지하고 이곳에 화재 희생자들을 위해 모인 후원 물품을 보관했다. 아클람 빌리지 베이 56번지에 자리한 이 공간은 지역 활동가들이 운영하는 공동체의 공간이 된 것이다. 이는 행동을 전개하고 공동체의 창의적 잠재성을 분출하기 위해 공간을 어떻게 사용할 수 있는지에 관한 또 하나의 사례를 보여준다.[43] 이것이 과연 무질서한 도시의 모습인가?

만약 무질서가 불안정한 상태를 의미하면서도 동시에 주어진 시스템에 대응할 수 있다면 도시에 관해 제안된 디자인 전략들은 이렇게 현재 주어진 질서 형태—지역 문화를 상품화하고 도시 환경의 소외를 만들어내며 사회적 배제와 장소의 상실로 이끄는 유연하지 않은 디자인—에 이의를 제기할 수 있어야 한다. 신자유주의가 만들어내는 도시적 부담과 달리 무질서를 디자인한다는 것은 끊임없는 변화에 유연하게 적용할 수 있고 열려 있는 도시적 해결책을 의미한다. 이는 공공 영역을 비정형적이고 자발적이며 계획되지 않

---

43. Toby Laurent Belson과의 인터뷰 참고, CivicWise, 'Westway: Four Decades of Community Activism'.

은 상태로 사용할 수 있도록 힘을 싣는 방안이다. 그리고 이를 통해 사람들이 상호 작용하면서 관심사와 경험을 나누는 공유 장소 common places를 구축하고, 결과적으로 차이와 미지의 것을 인내할 수 있는 분위기가 조성될 수 있다.

『무질서의 효용』을 읽은 후 나는 이 생각을 어떻게 디자인 계획으로 옮길 수 있을지에 관한 작업에 착수했다. 나는 건축과 도시 계획 전공자로서, 세넷이 책에서 논의한 일종의 무질서를 만들어낼 수 있는 도시 디자인 차원의 개입을 실험하고 싶었다. 예컨대 사람들이 차이를 견디는 법을 배우고, 사회적 상호작용을 독려하고, 계획되지 않은 활동이 일어나는 규제되지 않은 공공 공간 같은 것이다. 나는 어떻게 하면 모더니즘적 주택 단지에 있는 공공 공간이 사회적 상호작용의 공간으로 변화할 수 있는지에 관한 드로잉과 글쓰기를 통해 도시 디자인 실험에 접근했다.

그러나 이 실험은 곧 모순에 부딪혔다. 디자인이 그 자체로 도시 공간에 더 많은 질서를 부여하는 것이라면 과연 어떻게 무질서를 디자인할 수 있을 것인가? 나는 인프라에서부터 시작하는 방식으로 이 모순에 대응했다. 인프라를 출발점으로 삼은 이유는 인프라가 **조건을 창출하고** 향후 일어날 일을 지배하지 않으면서 변화의 **가능성을 제공**하기 때문이다. 바로 이런 과정을 거쳐 나는 이 장의 제목으로 '**무질서의 인프라**'라는 표현을 제안하게 되었다. 내가 정의하는 '무질서의 인프라'는 계획되지 않은 공공 영역을 사용하기 위한 조건을 만들어내는 초기 대응책을 의미한다. 그리고 이 초기 대응 방안은 지속적이고 열린 프로세스의 출발점이다.

이러한 초기 인프라는 사람들이 공간을 예상치 못한 방식으로 사용할 수 있게 하면서 유연하고 열린 시스템을 독려하기 위해 만들어진다. 따라서 공공 영역의 디자인은 『무질서의 효용』에서 제안하다시피 공동체의 행동과 협의의 결과물이 된다.[44] 이러한 협의의 과정을 거치면서 토론과 논쟁, 때로는 어떤 갈등이 일어날 수도 있다. 그러나 이 공간을 사용하는 이들이 사회적 상호작용과 혁신적인 공공적 삶의 방식을 만들어낸다면 이러한 과정은 긍정적으로 해석될 수 있을 것이다.

나의 제안은 비단 기술적인 측면의 인프라 디자인에만 국한되지 않는다. 그것은 해당 장소의 사회문화적 인프라와 단단히 연결되어 있고 상호의존적 관계에 있는 부분이기 때문에 모든 개입 과정에서는 이 관계성이 고려되어야 한다. 도시 인프라—지하 시설물, 도시 공간에 존재하는 물질적 요소들의 집합체, 특수 인프라 또는 공유된 공간과 더불어 살아가는 것에 관한 협의 과정—에 개입한다는 것은 공공 영역의 다종다양한 관계를 면밀히 들여다본다는 것을 전제한다. [지리학자] 애쉬 아민Ash Amin과 나이젤 스리프트Nigel Thrift는 "도시는 땅에서 위로 작용하기 때문에", "밖에서 안으로" 바라보기보다 "안에서 밖으로" 향하는 시각과 그러한 접근 방식을 주장한다.[45] 그리고 이들은 인프라가 "정치적 행위의 초점"이 될 수 있

---

44. Sennett, *The Uses of Disorder*, p. 142.
45. Ash Amin and Nigel Thrift, *Seeing Like a City*, Cambridge: Polity Press, 2017, p. 4.

다고 제안한다.[46]

　이어지는 네 개의 장(「아래below」, 「위above」, 「단면의 무질서disorder in section」, 「과정과 흐름process and flux」)에서는 이미지와 함께 물리적, 사회적 인프라에 개입하는 것에 관해 실험한다. 「아래」 장에서는 인프라 개입을 통해 조건을 만들어내는 방식의 문제를 제기하고, 그리하여 과잉 결정적 도시 환경을 개방시키고, 사람과 인공 환경 사이에 새로운 관계를 작동시킬 수 있는 안을 제안한다. 인프라는 물리적임과 동시에 사회적이기 때문에 그 뒤에 이어지는 세 개 장에서는 이 두 가지 차원을 모두 표명한다. 「위」와 「단면의 무질서」 장에서는 지면과 지면 위에서 이러한 인프라들이 어떤 형식을 취하는지 이야기한다. 그리고 「과정과 흐름」에서는 이 인프라들이 가지는 사회적 차원의 문제를 제기하고 덜 결정적인 환경을 디자인하는 것의 어려움에 대해서도 언급한다. 글과 함께 첨부된 이미지들은 여러 인프라가 이 가운데 어떤 형식을 취할 수 있는지, 이것들이 어떻게 성장하고 진화할 수 있는지, 사람들이 이것들과 어떻게 상호 작용할 수 있을지에 관한 일련의 상상적 시나리오를 제공한다. 이것들은 『무질서의 효용』이 디자인 계획에서 어떻게 구현될 수 있는지에 대한 상상이다.

46. Amin and Thrift, *Seeing Like a City*, p. 6.

4장. 아래

인프라는 누가 이야기하느냐에 따라 매우 독특한 의미를 가질 수 있다. 건축학, 토목공학, 도시계획학, 정치경제학, 지리학에서는 이용어를 모두 다르게 해석한다. 우리가 말하는 인프라에는 도시에 있는 모든 물질적 요소와 도시 내 공공 공간—바닥면, 흙, 파이프, 회로, 지하 하수시설, 구조와 구축물, 도시 시설물, 식물, 운동 공간, 그 밖의 소도구—즉 도시의 조건을 만들고 가능성을 제공하는 것이 포함된다. 예를 들어 공동체가 관리하는 공공 공간에 시청각 장비와 스크린이 있으면 여름 밤에 임시 야외 극장을 만들 수 있다. 흐르는 물과 조리 도구에 접근할 수 있으면 공동체의 부엌을 운영할 수 있다. 이런 물질적 요소들은 비활성적inert 사물[1]이

---

1. Amin and Thrift, *Seeing Like a City*.

아니다. 이것은 관리, 거버넌스 형식, 특정한 관습과 동의, 콜렉티브 행위, 친목 모임, 기억 및 정체성과 연결되어 있다. 이것은 도시 내 물리적, 사회적 구조에 모두 영향을 미치는 디자인 개입이다. 따라서 공공 영역의 모든 단위에서 지어진 것과 사회적인 것 사이의 관계를 면밀히 들여다봐야 한다.

닫힌 인프라와 공공 공간을 열린 시스템으로 전환하기 위한 디자인 해법으로 '아래'로부터 출발할 것을 제안한다.[2] 닫힌 시스템으로 작동하는 도시에는 형식과 기능이 이미 결정되어 있고, 진화하거나 변화하는 상황에 적응할 수 있는 힘이 존재하지 않는다. 이와 반대로 열린 시스템으로 작동하는 도시는 "불안정한 진화"[3] 상태에 있으며, 여러 다른 여건에 맞춰 형식과 기능이 끊임없이 변화한다.

닫힌 시스템으로 작동하는 도시는 쉽사리 열린 시스템으로 변화되지 않는다. 이를 위해서는 다양한 활동을 통해 공간을 자유롭게 점유하고 유연한 시스템으로 전환시킬 수 있는 개입이 필요하다. 각각의 인프라는 고립된 요소나 통합체로 개입하지 않고, 함

2. Richard Sennett, 'The Open City', in *The Endless City*, eds. R. Burdett and D. Sudjic, London: Phaidon Press, 2007, pp. 290–97; Richard Sennett, 'The Public Realm'. Paper presented at BMW Foundation Workshop on Changing Behaviour and Beliefs, Lake Tegernsee (Germany), 2008, http://www.richardsennett.com/site/SENN/Templates/General2.aspx?pageid=16, 2011.2.2. 접속; Richard Sennett, *Building and Dwelling: Ethics for the City*, London: Allen Lane, 2018; [국역본] 리처드 세넷, 『짓기와 거주하기: 도시를 위한 윤리』, 김병화 옮김, 임동근 해제(김영사, 2020).

3. Sennett, 'The Public Realm'.

께 작동한다. 이것은 새롭게 더해지는 요소나 관계 속에서 더불어 지속적으로 변화하는 커다란 시스템의 일부를 형성하고 상호 작용하는 개입들의 총합이다. 도시 인프라를 여러 인프라가 모인 총합으로 이해할 때 열린 도시에서는 다양한 도시적 상황을 도모하고 자발적인 활동과 친목 모임을 지원하면서 추가, 업그레이드, 사람들의 필요에 대응하는 변화가 허용될 수 있다.

인프라가 열린 시스템이 될 때, 추가 요소들이 기존 인프라에 통합될 수 있고, 콜렉티브 차원에서 공유, 관리될 수 있으며, 사람들이 자신의 환경을 변화시키기 위한 행동을 취할 수 있는 힘을 얻게 된다. 즉 인프라는 '정치적 행동'[4]의 장소가 될 수 있다. 우리는 여기에서 출발해 주어진 질서에 도전하고 또 다른 형식의 공동체적 회합convivality을 제안할 수 있다.

인프라는 아상블라주다

인프라는 고정되고 안정된 전체가 아니라 교체와 적용, 업그레이드가 가능한 여러 조각의 합으로 작동하기 때문에 지속적인 유지와 보수가 가능하다.[5] 이런 인프라 조각들의 '연합 체제associative regime'[6]

4. Amin and Thrift, *Seeing Like a City*, p. 6.
5. Stephen Graham and Nigel Thrift, 'Out of Order: Understanding Repair and Maintenance', *Theory, Culture & Society* 24: 1, 2007, pp. 1–25.
6. 들뢰즈와 가타리는 '욕망하는-기계(desiring-machines)'와 '연합 체제(associative regime)'가 함께 작용하는 것으로 제안한다. Gilles Deleuze and Félix Guattari,

는 아상블라주assemblage라는 개념으로 설명될 수 있다. 아상블라주란 비판적 도시학자들이 도시 내 관계성과 상호작용을 이해하는 데 사용하는 개념적인 도구이다.

아상블라주는 1953년 미술에서 장 뒤뷔페Jean Dubuffet가 "자연적인 것과 제조된 것, 전통적으로 비예술적인 물질과 발견된 오브제가 삼차원 구조로 결합된 미술 형식"[7]을 표현하기 위해 처음 사용한 용어이다. 이 단어는 1961년 뉴욕 근대미술관MoMA에서 열린 전시의 제목으로도 사용되었다.[8] 이 전시에는 마르셀 뒤샹Marcel Duchamp, 만 레이Man Ray, 파블로 피카소Pablo Picasso의 작품도 선보였다. 미술에서 아상블라주는 "사용되는 물질이 다루어지는 방식만큼이나 물질 그 자체"로 특징지어진다.[9]

미술에서 아상블라주라는 표현을 사용하는 방식과 비판적 도시 이론에서 사용하는 방식은 서로 흡사하다. 아상블라주는 서로 다른 요소들이 개별적으로가 아니라 함께 작동하는 '공생sym-

Anti-Oedipus: Capitalism and Schizophrenia, Minneapolis: University of Minnesota Press, 2000 [1972]; [국역본] 질 들뢰즈·펠릭스 가타리, 『안티 오이디푸스—자본주의와 분열증』, 김재인 옮김(민음사, 2014).

7. Philip Cooper, 'Assemblage', Grover Art Online, Oxford: Oxford University Press, 2003. 이 아상블라주의 정의에 관해서는 Pablo Sendra, 'Rethinking Urban Public Space: Assemblage Thinking and the Uses of Disorder', *City* 19: 6, 2015, pp. 820–36에서 논의한 바 있다.

8. William C. Seitz, *The Art of Assemblage*, New York: The Museum of Modern Art, 1961.

9. Cooper, 'Assemblage'.

biosis'을 일컫는다.[10] 프랑스 철학자 질 들뢰즈Gilles Deleuze와 펠릭스 가타리Félix Guattari가 『천 개의 고원A Thousand Plateaus』[11]에서 발전시킨 이 용어는 도시학자들이 도시 공간에서 일어나는 다른 행위자들(사람, 물질적 사물, 거버넌스 형식) 간의 관계를 바라보는 데 사용되어왔다. 도시 인프라에 대한 접근에서 제시되듯이, 여기에서 아상블라주는 총체보다는 서로 다른 요소 사이의 상호작용에 초점을 맞추고 있다. 이는 과정, 그리고 도시 공간에서 여러 가능성이 일어나는 방식에 관한 문제를 제기한다.[12]

콜린 맥팔레인Colin McFarlane은 비판적 도시론에서 아상블라주 이론을 활용하는 세 가지 방법을 설명한다.[13] 첫째, 아상블라주는 "실제적인 것과 가능한 것"[14]을 이해하는 데―기존의 권력관계를 설명하고, 이에 도전하는 새로운 연결과 관계의 힘을 제기하는 목적으로―활용될 수 있다. 둘째, 이것은 사회적 행위자와 물질적 행위자 사이의 상호작용을 설명해준다. 셋째, 맥팔레인은 아상블라주가 "세계시민주의cosmopolitanism에 대한 상상imaginary"[15]―차이를

---

10. Colin McFarlane, 'Assemblage and Critical Urbanism', *City* 15: 2, 2011, pp. 204–24; Gilles Deleuze and Claire Parnet, *Dialogues II*, New York: Columbia University Press, 2007 [1977]에 기반.

11. Gilles Deleuze and Félix Guattari, *A Thousand Plateaus: Capitalism and Schizophrenia*, Minneapolis: University of Minnesota Press, 1987 [1980].

12. McFarlane, 'Assemblage and Critical Urbanism'. Sendra, 'Rethinking Urban Public Space', p. 823에서 이 같은 정의를 사용하였다.

13. McFarlane, 'Assemblage and Critical Urbanism'.

14. 같은 글, p. 204.

15. 같은 글, p. 222.

어떻게 마주하게 되는지, 차이가 어떻게 다루어지는지 또는 협의되는지—을 가능하게 한다고 역설한다.[16]

아상블라주에 대한 이 같은 정의와 용어의 사용은 여기에서 제안하는 인프라와 연관된다. 그리고 이는 서로 다른 요소와 이런 관계들 속에서 나타날 수 있는 다양한 기능적 가능성의 연합에 초점을 맞춘다. 이렇듯 이 문제는 물리적 인프라와 사회적 인프라 사이의 관계를 제기하면서 부여된 질서를 방해하는 새로운 연결의 잠재성에 주목한다. 아울러 이는 차이와 협의하고 예기치 못한 상황에 대처할 수 있는 힘을 도시 인프라에 제공한다.

또한 아상블라주와 무질서 사이에도 연결점이 있다. 리처드 세넷은 사람들이 차이와 불확정성에 대응하는 방법을 배우고, 기능이 고정되어 있지 않으며 공공 영역에서 일어나는 다양하고 계획되지 않은 즉흥적인 활동을 독려하는 도시 환경을 제안했다. 세넷의 무질서 개념과 아상블라주에 기반한 사고는 세 가지 개념적 도구를 통해 설명될 수 있다. 즉 이것은 비정형적 결과물—사회적-물질적 공생, 불확실성, 미완의 형식—을 도출하는 데 촉매제 역할을 하는 형식적 인프라 디자인에 도움이 될 수 있다.[17]

세넷은 『무질서의 효용』에서 사람들이 다양한 경험을 통해 낯선 사람들이나 예기치 못한 상황을 마주할 준비를 더 잘할 수 있

---

16. 같은 글, p. 219.
17. 『무질서의 효용』과 아상블라주 사고(assemblage thinking)의 관계에 대해서는 Sendra, 'Rethinking Urban Public Space'에서 설명했다.

다고 설명한다. 세넷은 후기 저서인 『눈의 양심The Conscience of the Eye』에서 자신의 생각을 발전시키면서 공공 공간에 있는 물질적 요소가 타인에 대한 지각에 어떤 영향을 미치는지에 관한 문제를 제기한다. 그는 "도시에는 사람들이 서로에 대해 가지는 의식과 상호 공명하는 물질적 사물에 대한 의식이 존재한다"고 설명한다.[18] 맥팔레인이 지적한 것과 마찬가지로, 차이와 마주침 간에 일어나는 협의에서 물질적인 요소가 하는 역할은 아상블라주 논의에도 존재한다. 이것은 차이와 예기치 못한 상황이 존재함에도 사람들이 그 안에서 편안하게 살아가는 환경을 만들 수 있는 물리적 인프라와 사회적 인프라 간의 사회-물질적 '공생'이다. 우리는 인프라를 디자인할 때 물리적 인프라가 사람, 거버넌스 시스템, 여러 형태의 모임, 마주침, 다양한 형태의 활동과 어떻게 결집될 수 있을지를 고려해야 한다.

둘째, 도시 내부의 과도한 질서는 자발성과 즉흥성을 가로막는다.[19] 모호함과 선명함의 대비에 관한 논쟁[20]은 아상블라주 논의에서도 찾아볼 수 있는데, 이는 공공 공간의 예기치 못한 방식의 이용을 독려하는 인프라를 디자인하는 데 핵심적인 부분이다. 아상블라주에 기반한 사고에서는 도시의 각 요소로부터 고정된 기

18. Richard Sennett, *The Conscience of the Eye: The Design and Social Life of Cities*, New York: W.W. Norton, 1992 [1990], p. 213.
19. Sennett, *The Uses of Disorder*.
20. Richard Sennett, 'Urban Disorder Today', *British Journal of Sociology* 60: 1, 2009, pp. 57–8 (Sennett, *The Uses of Disorder* 참조).

능이 도출된 것이 아니라 각 요소에 기능적인 힘을 부여한 것으로 본다. 이때 바로 다양한 상호 기능의 가능성이 나타나는데, 이는 개별 요소와 아상블라주의 구성 요소 사이의 상호작용에 의존한다.[21] 맥팔레인은 아상블라주가 "비결정성, 창발, 되기, 격변, 현상의 사회적 물질성"을 함축한다고 설명한다.[22]

이와 같은 아상블라주의 불확정적 본질—기능과 상호작용이 미리 규정되지 않은 상태—은 세넷이 도시를 위해 제안해온 내용과 동일하다. 그는 "구역화zoning를 통해 사용 방식을 미리 규정하지 않을 경우 지역 사회의 특성은 그곳에 있는 사람들 사이의 특정한 유대와 동맹에 의해 만들어진다"고 말한다.[23] 최근 저서에서 세넷은 공공 영역을 열린 시스템으로 구축함으로써 미리 규정된 기능이 없고 여러 예기치 못한 가능성을 허용하는, 이러한 불확정적 공간의 디자인을 제안하고 있다.[24]

마지막으로 『짓기와 거주하기Building and Dwelling』에서 세넷이 제안하는 "다섯 가지 열린 형식"[25] 중 하나는 미완의 형식이다. 공공 공간을 마무리 짓지 않은 채 그대로 둔다는 이러한 생각—세넷이 이 책뿐만 아니라 최근의 에세이에서 전개해온—은 아상블라

---

21. Colin McFarlane, 'The City as Assemblage: Dwelling and Urban Space', *Environment and Planning D: Society and Space* 29, 2011, p. 653.
22. McFarlane, 'Assemblage and Critical Urbanism', p. 206.
23. Sennett, *The Uses of Disorder*, p. 142.
24. Sennett, 'The Public Realm'.
25. Sennett, *Building and Dwelling*, p. 208.

주 과정의 하나로 이해될 수 있다.[26] 공공 영역의 디자인에서 어떤 부분을 미완의 상태로 남겨둘 때 그것은 다른 것으로 변화하거나 다른 요소에 적용된다. 그리고 사람들이 구축 환경과 가지는 상호 관계와 그 안에서 일어나는 다양한 활동에 대응하는 과정을 통해 새로운 조각들이 결합될 수 있다. 들뢰즈는 얽매이지 않는 지점들을 "창조, 변화, 저항"의 기회로 보았다.[27] 스티븐 그레이엄Stephen Graham과 나이젤 스리프트 역시 단절과 실패를 통해 인프라가 업그레이드될 것이라고 설명한다. 이들은 인프라가 붕괴되어 향상과 혁신으로 나아가는 경우, 혹은 지속적으로 업그레이드되는 IT 시스템을 예로 든다.[28] 오픈 시스템을 만들고 예상치 못한 활동이 수면 위로 올라오게 하는 데 가장 핵심적인 것은 이처럼 마무리되지 않은 특성을 지닌 인프라—여기에서 서로 다른 조각이 결합되고 분해된다—를 디자인하는 것이다.

인프라는 열린 시스템이다

인프라는 유기적으로 진화하는 열린 시스템으로 작동할 때 무질서

---

26. Sennett, 'The Open City'; Sennett, 'The Public Realm'; Richard Sennett, 'Boundaries and Borders', *Living in the Endless City*, eds. R. Burdett and D. Sudjic, London: Phaidon Press, 2011, pp. 324–31.

27. Amin and Thrift, *Cities: Reimagining the Urban*, Cambridge, UK: Polity Press, 2002, p. 108; Deleuze, *Foucault*, London: Athlone, 1986, p. 44 인용.

28. Graham and Thrift, 'Out of Order.'

가 갖는 여러 긍정적인 사용 가치를 얻을 수 있다. 미리 정해진 기능이 없는 도시 속 장소, 예측 불가능하고 계획되지 않은 활동이 나타날 수 있고 사람들 사이의 다름과 알려지지 않고 예상할 수 없는 상황에 대처하는 법을 배우는 곳, 공공 영역에서 일어나는 상호작용과 활동을 통해 상황에 적응할 수 있는 장소가 그런 예에 해당한다.[29]

인프라를 열린 시스템으로 구축한다는 것은 여전히 추상적인 개념으로 남아 있다. 아상블라주에 기반한 사고는 사회적-물질적 연결, 정해진 기능 없이 도시 요소 디자인하기, 미완의 인프라 만들기 등에 주의를 기울임으로써 무질서의 사용이 가능해진다는 것을 이해하는 데 도움이 된다. 이러한 개념에 기반해 뭔가를 구축할 때, 인프라가 열린 시스템으로 작용하도록 하기 위해서는 어떤 물질적 특성이 필요할까?

무엇보다 중요한 것은 열린 시스템으로 작동하는 인프라를 어떻게 구축하는가의 문제가 아니라 닫힌 시스템을 어떻게 열린 시스템으로 바꾸는가이다. 닫힌 시스템에는 성장, 변이, 진화할 수 있는 힘이 없다. 새로운 부속이 더해지는 것도, 진보적인 업그레이드도 허용하지 않고, 적응력을 가지지 못할 때 인프라는 닫힌 시스템으로 작동한다. 이렇듯 도시 환경은 유연하지 않을 때 닫힌 시스템으로 움직이고 유기적으로 성장하지 못한다. 기능의 과잉

---

29. Sennett, *The Uses of Disorder.*

결정은 장소의 복합성을 축소시키고 계획되지 않은 활동의 가능성과 예측 불가한 상황이 발생할 수 있는 가능성을 감소시킨다.

'무질서를 위한 인프라'는 닫힌 시스템을 여는 것을 목표로 한다. 도시 개입은 대부분 백지 상태에서 시작되는 프로젝트가 아니다. 이것은 기존의 도시적, 사회적 조건 위에 세워진다. 여기서 요점은 기존의 존재를 부정하고 전혀 새로운 인프라를 구축하는 것이 아니라 기존의 시스템을 변화시키는 전략과 변화 과정에 주목하는 일이다.

많은 경우 모더니즘이 고립된 환경을 만들었다는 비판은 모더니즘적 주거용 구축물을 허물고 그 자리에 새로운 것을 개발하는 지역 당국의 건설 의제를 정당화하는 데 단순히 기여해왔다. 런던 남부 엘러펀트 앤 캐슬Elephant and Castle에 위치한 헤이게이트 지구의 경우 범죄와 빈곤을 야기하는 모더니즘 건축에 대한 비판적 담론에서 시작하여 수천 호가 넘는 집을 철거하는 결과로 이어졌던 사례에 해당한다. 근대적 부지를 새로운 개발 사업으로 교체하는 데에는 또 다른 디자인을 부여하는 과정이 포함된다. 그리고 헤이게이트 지구 같은 경우에는 거주민 퇴거, 저소득 인구에서 중산층으로의 교체, 사회적 망의 해체가 일어났다. 이 재개발의 결과는 닫힌 시스템이다.

닫힌 시스템을 열린 시스템으로 전환하는 일은 쉽지 않아 보인다. 그러나 대규모 모더니즘 구축물과 단일 기능의 개발 사업(도로, 인프라, 벽, 고층 건물, 대규모 주택 단지, 열린 공간)에서도 계획되지 않은 행동을 이끌어내고 부단한 적응을 허용하며 차이를 감내하는 분위기를 조성하는 장소로 전환할 수 있는 프로세스가 존재한다. 세넷은 "어떠한 변화에도 끄떡하지 않을 것 같은 고형의 물체도 사회적 의미에서 침투성을 가질 수 있다"고 설명한다.[30] 이러한 변화를 위해 반드시 기존의 도시 요소를 파괴해야 하는 것은 아니다. 이것은 이미 존재하는 것을 재배치하고 더 많은 상호작용의 가능성을 낳을 수 있는 새로운 요소를 더함으로써 가능해질 수 있다. 이러한 전략들은 닫힌 시스템의 경직성을 깨는 것을 목표로 한다.

시스템을 개방시키기 위해서는 새롭게 제안된 인프라의 층위들이 어떻게 방해 요인을 끌어들일지, 또 이것과 어떻게 연결될 수 있을지, 그리하여 어떻게 새로운 패턴을 만들고 성장을 이룰 수 있을지에 관한 이해가 요구된다. 그렇다면 시의 기관 설비$_{grid}$와 제안된 콜렉티브 인프라의 관계는 무엇을 의미하는가?

2017년, 바르셀로나 시장은 연료 부족 사태에 맞서 해결책으로 '바르셀로나 에네르기아$_{Barcelona\ Energia}$'라는 시 에너지 회사를 만들었다.[31] 이 회사는 연료 부족 문제에 대처하는 일에 더하여 그린 에너지로 동력을 얻었고, 또 에너지 생산 프로그램에는 개인과 콜렉티브가 직접 참여하기도 했다. 태양열 에너지 생산을 증진하기 위한 이들의 프로그램은 네 가지 종류의 파트너십으로 규정된

---

30. Sennett, *Building and Dwelling*, p. 222.
31. Barcelona Energia, http://energia.barcelona/en/, 2018.9.1 접속.

다. 바로 이 과정에서 인프라에 대한 민간 투자 혹은 공공 투자의 가능성이 생겨나고, 그 과정을 거쳐 개인 소유의 건물이나 공공 건물의 지붕에 태양열 집열판을 설치하게 된다.[32]

또한 콜렉티브를 형성할 수 있는 '민간' 행위자들이나 공간에는 이 네 가지 연합을 통해 수많은 가능성이 열리게 된다. 이같이 연합체는 여러 형태가 존재하지만 생산된 에너지로 무엇을 할 것인가에 관해서는 두 가지 선택지밖에 없다. 첫째는 자가 소비self-consumption—개인 용도, 콜렉티브 또는 공공 용도—이고 두 번째 선택지는 도시 기관 설비에 되파는 것이다. 후자의 경우, 시 에너지 회사나 민간 기업으로 들어가게 된다.

그렇다면 개별 콜렉티브 인프라 시설은 어떤 지점에서 시 기관 설비와 연결되는가? 여분의 에너지를 후자로 판매하는 시스템에서 이 관계는 닫힌 시스템으로 작용하는가 아니면 열린 시스템으로 작용하는가?

먼저 바르셀로나 시장이 제안했던 전략의 경우는 분배적[33]이면서 동시에 콜렉티브 형식으로 에너지를 생산하는 제안이기 때문

---

32. Ajuntament de Barcelona, 'Mesura de govern: Programa d'impuls a la generacio d'energia solar a Barcelona', 2017, http://energia.barcelona/sites/default/files/documents/programa-impuls-generacio-energia-solar-barcelona.pdf, (카탈로니아어에서 번역), 2018.9.10 접속.

33. CivicWise에서는 '수평적이지도, 수직적이지도 않은', 그러나 '동등한 거버넌스'를 가진 네트워크를 설명하기 위해 '분배된(distributed)'이라는 용어를 사용한다. (http://civicwise.org/values/). 이것은, 시스템의 각 교점(node)마다 모두에게 이로운 자원을 생성하는 데 기여하는 인프라 시스템에도 적용될 수 있다.

에 열린 시스템으로 작용한다고 볼 수 있다. 이 프로그램이 주는 메시지는 자가 소비가 곧 시에서 재생 에너지를 자체 생산, 활용할 수 있는 '콜렉티브 행위collective action'로 이어져야 한다는 것이다. 개인이나 개별 공동체는 에너지를 생산하고 자가 소비할 수 있다. 여분의 에너지가 기관 설비로 돌아가는 경우, 특히 그것이 시 회사로 판매될 경우에는 공공 공간과 공공 건물에 공급되는 전력으로 사용될 수 있다. 지방자치체의 역할은 부와 자원을 재분배하고 에너지 생산과 관련해 주민들에게 요청해 결과물을 얻는 것이다.

그러나 이 시스템은 여전히 '무정부적 도시'로 작동하지 않는다.[34] 다른 공동체와의 교류를 위해서는 기관 설비를 통해야만 하는 일종의 위계가 존재한다. 시스템을 여는 과정에서는 시의 기관 설비를 반드시 통하지 않아도 되는 다른 교류 형태에 주목할 필요가 있다. 이 두 가지 유형은 양립이 불가능하다. 물론 콜렉티브 인프라가 시 기관 설비에 연결된다는 것이 곧 닫힌 시스템으로의 전환을 의미하지는 않는다. 시 기관 설비와 교류 관계를 유지하면서 콜렉티브 단위의 인프라 사이에 다른 형태의 교류를 만들어낼 가능성도 존재한다. 다시 말해, 열린 시스템은 닫힌 시스템으로 작동했을 수도 있는 기존의 기관 설비에 연결을 시키고, 그 후 그 기관 설비를 개방하는 방식을 통해 만들어져야 한다.

시 기관 설비에 연결된 콜렉티브 인프라의 위계적 구조를 받

---

34. Sennett, *The Uses of Disorder*.

아들인다고 해서 다른 교류의 가능성이 사라지는 것은 아니다. 미시적 규모에서 발생할 수 있는 열림의 기회와 교류의 기회가 다수 존재한다. 아상블라주는 이러한 미시적 규모의 연결, 그리고 정형적-비정형적 형태의 거버넌스 사이에 일어나는 상호작용에 주목한다. 여기서 제안된 인프라에서는 평등과 부의 분배를 담보하는 정형적 시스템이 지속적이고 유동적인 교류가 가능한 비정형적 시스템과 결합될 수 있다. 즉 이것은 공동체 소유의 에너지 기업 같은 인프라 시스템의 경우에도 다른 물품이나 자원으로 만들어진 잉여 에너지를 시 기관 설비를 통하지 않고 타 콜렉티브나 개인들과 교류할 수 있다는 것을 의미한다.

*

그렇다면 이들은 과연 어떤 형식을 취하게 될까? 필립 볼Philip Ball 은 저서 『가지Branches』에서 불안정한 시스템의 형성에 관해 말한다. 그는 평형 상태의 시스템에서 비평형 상태의 시스템으로 전환되는 것을 '대칭 파괴symmetry breaking' 과정으로 설명한다. 볼은 이것이 한 번에 일어나지 않고 "여러 단계에 걸쳐, 한 번에 조금씩" 일어난다고 한다.[35] 이러한 대칭 파괴의 과정을 통해 시스템에는 복합성이 증대된다.[36]

35. Philip Ball, *Branches*, Oxford: Oxford University Press, 2009, p. 197.
36. 같은 책, p. 200.

여기서 제안하는 인프라 개입은 모두 같은 논리를 따른다. 이 것은 닫힌 시스템의 인프라를 열린 시스템의 인프라로 전환하기 위한 단계적 프로세스를 거친다. 아래에서 설명하는 각 단계의 프로세스는 인프라에 방해 요인을 더하고, 그 결과 인프라의 복합성을 증대시키는 문제와 연관된다. 그렇다면 이 과정은 어떻게 시작되는가?

인프라를 여는 프로세스의 첫 번째 단계는 인프라 요소들 사이의 재배치와 새로운 관계를 촉발시키는 방해 요인을 도입해 결합시키는 것이다. '재배치reassembling'는 "도시 디자이너가 공공 영역에 숨겨져 있는 창발적 프로세스를 규명하고 새롭고 혁신적인 사물의 재배열 방식을 생산할 수 있는 힘으로, 이를 통해 프로세스는 더욱 강화되고 새로운 연합과 가능성이 발생한다."[37]

스티븐 그레이엄과 나이젤 스리프트는 인프라 문제에서 '실패'를 학습과 적응, 업그레이드의 기회로 본다. 대개의 경우 인프라는 '블랙박스'에 담겨 있다. 복잡한 파이프 망, 회로, 하수 시스템, 광섬유 케이블, 그 외 지하 시설물은 땅속에 묻혀 눈에 보이지 않고 이것들은 오로지 어떤 문제가 발생해 기능이 멈췄을 때만 인식된다.[38] 건축가나 도시계획가, 엔지니어는 공공 당국과 일을 할 때 엄청나

---

37. Sendra, 'Rethinking Urban Public Space', p. 823. 이 정의는 콜린 맥팔레인이 정의하는 '재배치(reassembling)' 개념 위에 세워진다. McFarlane, 'Assemblage and Critical Urbanism', p. 211.
38. Graham and Thrift, 'Out of order.'

게 많은 층이 겹겹이 쌓여 있고 무수히 많은 선과 심볼이 표시된 도안을 제공받는다. 일반적으로 이 암호 같은 지도는 내부 극비 문건으로 특정 전문가들만 이해할 수 있다. 감춰진 것과 지면 위, 두 영역 사이에는 지적인 벽뿐만 아니라 명확한 물리적 분리가 존재한다. 사회학자 페르난도 도밍게스 루비오Fernando Dominguez Rubio와 건축가 우리엘 포구에Uriel Fogué는 "공공 공간을 고도로 기술화"하고 "인프라를 드러내는" 방식으로 이 분리를 "방해"할 것을 제안한다.[39]

우리엘 포구에의 건축 프로젝트 '엘리Elli'는 마드리드의 바라데 레이 장군 광장에 개입하는 (실현되지 않은) 제안이다. 이를 통해 루비오와 포구에는 인프라가 어떻게 가시화되고 또 정치적 행위자가 될 수 있는지 설명한다. 이 광장 디자인 "엘리는 '인간을 위한 광장의 사용성을 지키면서, 에너지 생산과 저수 같은 여러 인프라 프로세스를 공공의 삶으로 재통합"시키는 것을 목표로 했다.[40] 이를 위해 이들은 인프라, 자연, 사람들 사이의 상호작용을 주의 깊게 들여다봤다.

나는 건축 디자인을 통해 인프라의 '언블랙박스unblackbox[블랙

---

39. Fernando Domínguez Rubio and Uriel Fogué, 'Technifying Public Space and Publicizing Infrastructures: Exploring New Urban Political Ecologies through the Square of General Vara del Rey', *International Journal of Urban and Regional Research*, 37: 3, 2013, pp. 1035–52, 1039.
40. 같은 글, p. 1042.

박스 열기]"[41]를 시도함으로써, 인프라적 '방해'가 어떻게 협의와 상호작용, 다양한 구축 환경에의 개입을 유발할 수 있는지, 그에 관해 더 많은 문제를 제기할 수 있는 프로세스를 제안한다. 인프라에 '방해'를 제안한다고 했을 때 그것은 인프라의 기능을 중지시킨다는 의미가 아니다. 나는 사람들이 인프라를 인지하고 거기에 개입하게 만들며, 또 자원 생산과 소비에 대한 집단적 인식을 불러일으킬 수 있는 새로운 요소를 도입해야 한다는 입장이다.

도시 인프라와 자원은 현재 대부분 지하 시설을 통해 분배되고 있고, 공기업이나 사기업이 소유, 관리하고 있다. 시 차원에서 운영되는 이러한 네트워크는 수송을 통해 공동체와 개인에게 전달되고, 결과적으로 시 네트워크를 공동체나 개인 '소비자들'과 연결시킨다. 시의 네트워크 수송에 연결된 개인들에게는 전기나 물 소비 정보를 보여주는 계량기가 있다. 공동체 단위에서 소비하는 물과 전기는 계단, 공동 구역, 엘리베이터, 공동 시설물 내 유사 설비물을 유지하는 데 사용된다. 그리고 사람들은 연간 공동체 서비스 비용 보고서에서 공동체 요금을 분배하는 시점에 인프라에 개입하게 된다.

개인이나 공동체 단위에서 작동하는 이러한 인프라는 협의나 인프라에 대한 집단적 인식, 참여의 과정을 거의 보여주지 않는다.

41. 그레이엄과 스리프트는 "인프라 커넥션에의 개입이 '언블랙박싱(unblackboxing)'으로 보일 수 있다"고 설명한다. Graham and Thrift, 'Out of Order', p. 8.

반대로 인프라의 결핍 상황, 즉 인프라 서비스가 중단되는 순간[42]이 되면 자원의 분배나 교환 같은 일종의 협의가 이루어질 수 있고, 그때 사람들은 인프라에 더 강하게 개입하게 된다.

나는 인프라를 재배치하고 또 도시의 작동 방식에 대해 지역 집단이 더 많이 의식하게 하는 새로운 요소를 도입하는 방식에 대해 생각해볼 것을 제안한다.

이 요소는 공동 공간에 불을 켜고 엘리베이터에 동력을 공급하는 것 이상의 것, 공동 또는 공공의 자원이 되어야 한다. 새로운 요소는 두 가지로 얘기해볼 수 있다. 첫째는 달리기 활동에 필요한 마실 수 있는 물, 공동체 부엌, 어떤 활동이 끝난 후 청소에 사용할 수 있는 빗물-음료수, 여러 가지 계획을 수행하는 데 필요한 전력 공급과 같은 것으로, 이는 공공 영역에서 인프라에 접근하는 지점과 관련된다. 이런 인프라들을 추가함으로써 공유 인프라와 콜렉티브 차원에서 생성된 자원에 접근할 수 있게 되고, 프로토콜에 관한 협상, 합의, 공유 자원을 사용할 수 있는 조건은 투명해진다. 여기에는 물론 한계가 있을 수 있고, 또 이것은 공동체가 이런 자원을 생산할 수 있는 능력이 얼마만한가의 문제일 수도 있다.

두 번째로 추가되어야 하는 인프라는 콜렉티브 차원에서 관리되는 자원의 집합 구역이다. 공동체가 소유한 태양열 집열판, 음료수나 다른 용도로 사용할 수 있도록 빗물을 모으고 정수해 집

---

42. Domínguez Rubio and Fogué, 'Technifying Public Space and Publicizing Infrastructures'.

수하는 인프라, 그 외 기후 조건과 지역 여건에 따라 필요한 혁신 인프라 등이 그러한 예가 될 수 있다. 공동체는 자원을 생성한 뒤에 어떻게 사용할 것인지 결정할 수 있기 때문에 이런 추가적 인프라를 통해서도 집단적 인식을 일깨울 수 있다.

더욱이 이같이 초기 단계에 '방해'를 하면서 사람과 인프라 사이에 새로운 상호작용을 불러일으킬 수 있다. 바로 이런 것들이 재배치 프로세스의 시작이기 때문에, 도시 지역에서 일어나는 기존의 역학 관계—어떤 자원, 공간, 시설이 공유되고 있는지, 또 어떤 협의 사항들이 이미 자리잡고 있는지—를 이해해야 한다. 바로 거기에서부터 인프라에 대한 새로운 집단적 개입이 제안될 수 있다. 그리고 마지막으로, 이러한 '방해'에 관한 테스트가 이루어지고, 새로운 상호작용이 나타나고, 추가된 요소들로 인해 기존에 닫혀 있던 인프라 시스템이 개방되었다면 질문을 던지는 일이 중요하다—지속적으로 적용될 수 있는 열린 시스템의 인프라를 구축하기 위해 공동체는 그 후에 어떤 단계로 나아가야 하는가?

방해 작업이 처음 이루어질 때는 자원을 어떻게 사용할지에 관한 논의 중에 어떤 갈등이 야기될 수도 있다—예컨대 태양열 집열판을 통해 생성된 전력을 자가 소비를 위해 사용할 것인지 아니면 기관 설비로 되팔 것인지, 누가 이 전기를 사용할 수 있고 누구는 사용할 수 없는지, 자원을 무료로 사용하게 할 것인지 아니면 어떤 방식으로 비용이 지불되어야 하는지 같은 문제를 둘러싸고 논쟁이 벌어질 수 있다. 새로운 인프라 요소에 관한 이러한 논의를 통해 사람들은 세넷이 말한 '성인 정체성adult identity'—협상하고 갈등에 직면하는 방법을 학습하고 사회적 상호작용이 증가하는 지점—이라는 부분을 성장시킬 수 있다. 그다음 프로세스는 이러한 초기 요소에서 출발해 열린 시스템을 구축하는 단계로 나아가 지하와 지상의 분리를 없애는 일이 될 것이다.[43]

오스망이 파리에 구축한 지하 인프라 갱도는 하수 시설과 그밖의 인프라를 대형 지하 갱도에 위치시켜 도시의 위생을 지키기 위한 것이었다.[44] 오늘날 최첨단의 도시 재생 계획에서도 진화된 버전의 오스망식 인프라 갱도를 사용하고 있다. 바르셀로나의 22@ 계획은 에이샴플레Eixample의 산업 지역을 '혁신지구'로 변신시키는 재생 프로세스를 일컫는데,[45] 여기에서도 신식으로 잘 갖춰진 지하 인프라 갱도 네트워크를 구축했다. 22@ 구역은 바르셀로나 구시가지의 북동쪽, 올림픽촌과 글로리 광장 사이에 위치해 있다. 이 지역의 도시 재생 기획은 탈산업화 과정 이후, 21세기로 전환되는 시점에 제안되었다. 22@ 구역의 블럭은 세르다Cerdà[46]식의 직각 설비를 따르고 있어서 인프라를 합리적으로 정비하고 지하 갱도에 나란히 설비를 구축할 수 있었다.

---

43. 같은 글.
44. 같은 글.
45. 22@ 웹사이트(카탈로니아어에서 번역) http://www.22barcelona.com/content/blogcategory/49/410/ 참고, 2019.9.16 접속.
46. [옮긴이] Ildefons Cerdà: 스페인의 도시계획가 겸 엔지니어로, 19세기에 에이샴플레라고 불리는 바르셀로나 '확장'을 디자인했다.

각 블록마다 지하로 들어가면 이 갱도에 접근할 수 있고, 따라서 지면에 새로운 구멍을 뚫지 않아도 조정, 수리, 업그레이드, 새로운 인프라를 더하는 작업을 할 수 있다. 이 시스템에서는 조정과 콜렉티브의 접근이 허용되기 때문에 분명 열린 것으로 보일 수 있지만 여전히 닫힌 시스템으로 남아 있는 부분이 있다. 첫째, 사람들이 이미 살고 있는 장소에 인프라 시스템 작업을 하려면 지면에 커다란 도랑을 만들어야만 한다. 둘째, 접근 지점은 여전히 전문가들만 알고 있기 때문에 표면과 지하는 계속 분리된 상태로 놓여 있다고 볼 수 있다.

이에 대한 대안은 **테크니컬 플로어**technical floor이다. 사무실을 설계할 때 오픈 플랜 디자인으로 할 경우 테크니컬 플로어를 적용하면 전기, 인터넷, 전화선 같은 설비를 모든 책상으로 연결시킬 수도 있고 바닥면에 위치시킬 수도 있다. 모듈형 타일은 쉽게 제거하거나 교체할 수 있어서 새로운 책상이나 미팅룸을 추가할 수도 있고 기술적인 업그레이드 작업을 해가면서 조정할 수 있는 유연성을 가진다. 테크니컬 플로어라는 개념을 공공 영역에 적용하면 공유 인프라를 더는 지하에서 운용하지 않아도 된다. 그러면 공유 인프라는 땅에 묻히지 않고, 기존의 바닥면과 테크니컬 플로어 사이의 틈에서 흐를 수 있다.

이 시스템은 마치 인프라를 갖춘 카펫—혹은 바닥 위에 더해진 한 겹—처럼 작동할 수 있다. 이것은 사람들이 인프라에 개입할 수 있는 오픈 시스템으로 작동하고 지하 공간은 비전문가들에게 열리면서 민주화된다. 타일을 열쇠로 열어 인프라 요소를 제거하고, 교체하고, 다른 요소들과 재결합할 수 있는 이 모듈형 플로어에서는 연속적인 적용이 가능하다. 표준 건축 기준의 그리드(예 600×600mm)를 사용하면 이러한 모듈형 시스템을 구축하는 데 도움이 된다.

이렇게 되면 지하와 지상의 구분이 더는 존재하지 않는다. 어느 지점에서나 인프라에 접근할 수 있게 되면서 이것은 어떤 방향으로든 새로운 가지치기를 해가며 자라날 수 있다. 파이프는 타일 하나를 제거해 접근할 수 있는 레지스터 지점register points에 놓을 수 있다. 전기 회로를 담은 파이프의 경우, 이러한 레지스터 지점을 통해 필요할 때 인프라를 증대시킬 뿐만 아니라 회로와 공유 패널을 더할 수도 있다. 이러한 모듈형 시스템과 지하-지상 간의 인터페이스가 가능하면 최종 공급 지점을 얼마든지 많이 만들 수 있다.

또한 생성된 자원은 이 시스템을 활용해 분배할 수 있는데, 자원이 생성된 장소에서 보관되는 곳으로, 또 이것이 사용되는 그리드로 이양된다. 마지막으로 무엇보다 가장 중요한 것 중 하나는 이 모든 흐름과 회로를 지면 위로 가시화함으로써, 이 시스템으로 가능하게 된 인프라와 여러 가능성을 의식하게 만든다는 점이다. 타일 디자인에 컬러 코드를 쓰거나 다른 소재나 심볼 등을 사용해 다양한 변형을 가하면 인프라에 접근하거나 수리가 필요할 때 지하에서 무슨 일이 일어나고 있는지 쉽게 알 수 있다.

나는 이 열린 인프라 시스템에 대한 이해를 돕기 위해 터미널,

자원 집합처, 새로운 연결 같은 요소에 대해 설명하고자 한다.

이 인프라 카펫infrastructural carpet에서 눈에 보이는 부분 중 하나는 터미널, 즉 전력 공급, 음료수와 비음료수, 데이터에 접근하는 지점이다. 이 터미널 지점에 연결해서 축제나 거리 활동, 친목 모임에서부터 공동체 부엌, 수리점, 시장 가판대에 이르는 다양한 프로그램을 운영할 수 있다.

지역에서 일어나는 여러 가지 활동, 이를테면 시네마 클럽이나 요리 수업을 진행할 수 있는 장소, 그 외 일반적 모임 장소를 찾는 일은 간단치 않다. 이런 활동은 점점 사라져가는 커뮤니티 홀 안에 있는 비좁은 공간 같은 데서 열리곤 한다. 어떤 활동을 운영할 때 음료수나 대규모 장비를 작동시키기 위한 전력 장치와 적절한 환기 시설에 접근할 수 있는 공간을 찾는 것은 무척 어렵다. 그러나 설비가 갖춰진 인프라 카펫이 있는 공공 공간이 있다면 보이지 않는 장소에서 소규모 클럽 형태로 열리던 활동을 공공의 영역으로 옮겨와 열린 활동으로 만들 수 있다.

인프라 카펫과 자원이 도달하는 터미널은 아키그램Archigram이 '플러그인 시티Plug-in City'에서 보여줬던 비전과 같은 방식으로 작용한다.[47] 인프라가 갖춰진 외피를 짓고 난 후에 여러 다른 활동을 외피에 플러그인했다가 언플러그하는 식이다. 여기에서 **무질서**

---

47. Peter Cook, 'Plug-in City: Maximum Pressure Area, Project (Section)', The Museum of Modern Art, 1964, https://www.moma.org/collection/works/797, 2019.9.16 접속.

를 위한 디자인은 처음부터 어떤 장소에 더 많은 인프라를 강하게 집중시킬 수 있을지 결정하는 내용으로 구성되었다. 이런 장소에서는 다양한 활동이 일어날 가능성이 훨씬 더 커질 것이고, 그 결과 다시 한층 더 밀도 있게 집중된 추가적 인프라가 필요할 것이다.

인프라 카펫에서 눈에 보이는 지점이 터미널이라면 이것은 어떤 모습으로 나타날까? 각각의 터미널은 여러 가지 다른 컬러와 텍스처, 여기에서 제공되는 기능을 나타내는 심볼이 장착된 타일의 형태를 띤 표면으로 모습을 드러낸다. 기존에는 지역 당국에서 엔지니어링과 도시 디자인 전문가에게만 제공하던 비밀스러운 인프라 지도가 이제 모든 사람이 읽을 수 있는 지상의 민주화된 기호로 변화한다. 각각의 접근 지점에는 소비를 관리할 수 있는 기술이 갖추어져 있다. 이것은 공공 자전거 대여 시스템의 작동 방식, 이를테면 자전거를 고정대에서 풀어 내어주는 식으로 사용을 관리하는 방식과 흡사하게 운영된다. 이와 마찬가지로 각각의 터미널에는 특정한 활동에 필요한 적정 양의 자원, 즉 시간당 킬로와트의 전력이나 적정한 양의 물을 배출하는 기능이 있다.

공유 인프라는 사람들이 콜렉티브 차원에서 혹은 개인적으로 사용하는 자원에 대한 인식을 불러일으킨다. 공유 인프라에는 공적으로 사용 가능한 소비 지점이 있을 뿐만 아니라 여기에서는 자원을 콜렉티브 차원에서 생산하는 문제도 강조된다. 에너지나 그 밖의 자연 자원이 대기업이나 각 가정에서 개별적으로 생산된다는 것은 사람들 사이의 협상과 사회적 상호작용이 거의 일어나지 않는다는 것을 암시한다. 개인이 에너지를 생산할 때 그것이 자가 소비를 위해서건 기관 설비로 돌려주기 위해서건 간에, 그것은 에너지 요금에 영향을 미치고 사람들의 소비 수준에 대한 인식을 형성한다. 그러나 콜렉티브 단위에서 빗물 같은 에너지나 자원을 생성하면 인프라 개입의 정도가 한 단계 더 깊어지고 그 자원을 관리하는 방식에 관한 사회적 상호작용, 협상, 결정의 필요성 등이 발생한다.

사람들이 인프라 생산에 개입하지 않고 대규모 공급 조직에만 의존하면 결국 사용자는 사용자 편의적 시스템을 통해 자원을 소비하게 된다.[48] 이런 시스템에서 가장 중요한 문제는 소비자가 인프라의 가격, 자원이 미치는 영향과 근원을 인식하지 않게 된다는 점이다. 전기 히터를 켰을 때 여기에 제공되는 전기가 콜럼비아의 노천 석탄 광산에서 온다는 것을 인식하지 못할 수도 있다. 그리고 콜럼비아의 채굴 작업은 여러 공동체의 퇴거나 지역 주민에게 미친 건강상의 부정적 효과를 의미할 수도 있다.[49] 이것은 '블랙박스에 갇힌' 편안한 인프라의 핵심적인 문제이다. 이때 우리에게는 자원 출처에 대한 거의 아무런 통제권이 주어지지 않는다.

48. 리처드 세넷은 사용자 친화적 기술을 소외(alienating)라고 비판한다. Sennett, *Building and Dwelling*.
49. 연구자이자 행동주의자인 나의 파트너 다이애나 살라자르(Diana Salazar)의 작업을 통해 이 상황을 인식하게 되었다. 여기에는 런던광산네트워크, 콜럼비아연대캠페인, 그리고 다국적 기업이 운영하는 대형 노천광으로 몇몇 커뮤니티가 장소를 상실하고 어린이들의 건강에 문제가 생긴 일 등이 포함된다. 상세한 내용은 Aviva Chomsky, Garry Leech and Steve Striffler Eds., *The People Behind Colombian Coal*, Casa Editorial Pisando Callos, 2007 참고.

콜렉티브가 자원 생산에 관계하면 대기업이나 그 자원의 근원지에 대한 통제로부터 독립할 수 있고,[50] 또 지역 단체의 인식을 높이는 자기 관리 형태를 지원할 수도 있다. 이렇듯 협력적 자원 생산 형태는 주로 재생 가능한 부문에 많이 의존한다. 물론 기후 조건, 인근에 물이 있는가의 여부, 그 외 지역적 요소에 따라 도시에서 자원을 생성하는 방법은 다양하다. 그중 대표적으로 재생 가능한 자원으로는 빗물의 집수와 태양광 발전 집열판을 통한 에너지 생성의 두 가지 방식을 들 수 있다.

도시에서는 지붕, 거리, 공공 공간에서 빗물을 모을 수 있다. 이렇게 모인 빗물을 인근의 정수장으로 옮겨, 정화 과정을 거친 후, 비non-음료수로 지역에 분배한다. 여기서 중요한 문제 중 하나는 오염이다. 즉 빗물은 땅에서 오물을 함께 가져오기 때문에 정수가 어렵다는 문제가 있다. 그러나 이것은 빗물이 정화 시설에 보관될 때까지, 초목이 있는 작은 습지를 통해 운반하고 거르는 배수 시스템과 통합하면 해결될 수 있다. 지속 가능한 도시 배수 시스템SuDS(sustainable urban drainage system)이라고 알려져 있는 이 시스템은 도시 공간의 침투 가능성을 높인 방법으로 많은 도시에서 선호하고 있는데, 이 방법을 활용하면 도시의 생물 다양성도 높일 수 있다.[51] 모듈형 시스템에서는 '인프라 카펫' 위, 조각과 조각이 만나

---

50. 태양열 에너지를 생산하려면 패널을 엮는 데 필요한 미네랄을 채굴하는 일도 이루어져야 한다. 이 같은 태양열 패널 생산도 고려해봐야 할 문제이다.
51. 도시 표면의 침투성과 생물 다양성의 관계는 Salvador Rueda, Rafael Cáceres, Albert

는 간격에 작은 습지를 조성할 수 있다. 이 습지를 통해 물을 운반하고, 걸러진 물을 저장하고, 정수한 후에 지역 단위에서 분배하는 수조로 이동시킬 수 있다.

한편 지붕과 공공 공간에 광발전판을 설치해 태양열 에너지를 생성하는 방식으로 대기업에 의존하지 않는 대안적 형태의 에너지 생산 방식이 도입되고 있다. 바르셀로나 에네르기아Barcelona Energia의 예를 보면, 콜렉티브나 개인들은 시 정부와 파트너십을 맺고 자신들의 건물과 공공 건물의 지붕 그리고 열린 공간에 집열판을 설치해 태양열을 생산할 수 있다.[52] 이렇게 생성된 에너지는 자가 소비되기도 하고 때로는 기관 설비로 되돌아가면서 시의 재생에너지 생산에 기여할 수 있게 된다. 이 프로그램은 개인, 콜렉티브, 공공 행정 단위 사이에 만들어질 수 있는 새로운 형태의 파트너십을 보여주는데, 이것은 에너지 생산을 위한 다양한 형태의 연합체를 수립하는 일로 이어질 수 있다.

바르셀로나 에네르기아 계획에서는 콜렉티브가 에너지 생산에 개입할 수 있는 기회가 마련되어 있기 때문에, 위에서 제안된 것 같은 콜렉티브 인프라를 지원한다. 이는 또한 집단적으로 생산된 자원을 어떻게 관리하는가에 관한 여러 가지 물음—에너지가

Cuchí and Lluis Brau, *El urbanismo ecológico: su aplicación en el diseño de un ecobarrio en figueres*, Barcelona: Agència d'Ecología Urbana de Barcelona, 2012에서 논의되었다.

52. Ajuntament de Barcelona, 'Mesura de govern: Programa d'impuls a la generacio d'energia solar a Barcelona' (카탈로니아어에서 번역).

과연 완전히 기관 설비로 돌아갈 수 있는지, 자가 소비를 위해 먼저 소비되고 나머지가 기관 설비로 돌아가는지 아니면, 더 많은 변수가 포함된 또 다른 관리 모델이 있는지—을 불러일으킨다.

마지막으로 인프라 시스템을 오픈하는 한 걸음을 통해 수평적, 수직적 성장의 가능성을 키워갈 수 있기 때문에, 제안된 시스템은 새로운 요소를 발전시키고 다시 그 요소와 결합될 수 있는 역량을 갖춰야 한다. 수평적 차원의 성장은 위에서 설명한 대로 방해 요인의 도입을 통해, 또 콜렉티브 인프라 층의 배치와 재배치를 통해 일어날 수 있다. 수직적 차원에서 연결 관계를 개방시키기 위해서는 일부 모듈형 판에 지상의 구조 및 구축물과 연결될 수 있는 역량이 내재되어 있어야 한다. 이러한 연결판은—말 그대로—열린 시스템을 위한 토대이다.

이러한 인프라의 전반적인 변화 덕택에 탈규제 공간, 즉 계획되지 않은 활동과 이벤트가 일어나는 곳, 사람들이 예기치 않은 상황에 처하고 타인과 협상하고 협의에 이르면서 차이의 마주침을 통해 성인의 정체성을 구축하게 되는 곳의 개념이 나타난다. 그러나 도시가 이와 같은 결과를 성취하기 위해서는 도시의 물리적 관계와 사회관계가 모두 필요한데, 인프라의 물리적 특성에 초점을 두다 보면 이 둘 사이의 여러 간극이 메워지지 못한 채 그대로 남겨지고 여기에서 다시 이 콜렉티브 인프라를 어떻게 관리해야 하는가에 관한 물음이 제기된다.

5장. 위

인프라를 오픈 시스템으로 디자인할 경우 지상에서는 무슨 일이 일어날까?

런던 동부에 위치한 질레트 광장에서 처음 눈에 들어오는 것은 거리 풍경을 뒤덮고 있는 화강암 표면이다. 크기가 큰 타일을 줄 맞춰 배열해 바닥의 무늬를 만들어냈는데, 그 타일 안에는 조명이 내장되어 있고 미끄럼 방지 철 조각이 부착되어 있으며, 앉거나 무대 공간으로 활용할 수 있는 목재 플랫폼 주변으로는 나무가 심겨 있다. 이러한 물리적 특징은 '도시의 표면urban surface'을 형성하는 수많은 요소 중 일부에 지나지 않는다.[1]

1. Alex Wall, 'Programming the Urban Surface', in *Essays in Contemporary Landscape Architecture*, ed. J. Corner, Princeton: Princeton Architectural Press,

질레트 광장에서 특별히 눈에 띄는 부분은 바닥 디자인이 아니다. 이 광장을 특별하게 만드는 것은 표면과 다른 사물들, 장치, 프로세스, 광장에서 일어나는 관리와 행위 사이에 일어나는 상호작용이다(그림4). 이곳에서는 키오스크와 저렴한 가격의 작업 공간을 제공해 소수 민족의 사업체와 기업가들[2]을 유치하고 있다. 이 광장에는 다양한 관객을 끌어들일 수 있는 달스턴 컬처 하우스Dalston Culture House와 보텍스 재즈 클럽Vortex Jazz Club도 자리한다. 이에 더해 사람들이 앉거나 쉴 수 있는 나무 벤치가 있고, 광장에서 일어나는 다양한 활동에 맞게 적절히 배열될 수 있는 유연한 놀이 도구, 탁구대, 오디오 비디오 장치, 그 밖의 구조와 설비를 보관할 수 있는 창고형 컨테이너가 마련되어 있다.[3] 자원봉사자들은 컨테이너에서 이런 것들을 꺼내 옮겨가며 광장에서 일어나는 폭넓은 활동—기획된 활동과 즉석에서 이루어지는 활동으로는 야외 극장, 놀이 활동, 시장, 즉석 스케이트보딩, 연회, 친목 모임 등이 있다—이 이루어질 수 있도록 도움을 준다.

1999, pp. 233–49.

2. Adam Hart, A. 'A Neighbourhood Renewal Project in Dalston, Hackney: Towards a New Form of Partnership for Inner City Regeneration', *Journal of Retail & Leisure Property* 3: (3), 2003, pp. 237–245.

3. 정사각형은 호킨스/브라운이 디자인한 것이다. (https://www.hawkinsbrown.com/projects/gillett-square 참고. 2019.6.22. 접속). 이후 2009년, '달스턴에 공간 만들기(Making Space in Dalston)' 전략의 일부로, muf 건축/예술(muf architecture/art)과 J&L 기본스(J&L Gibbons)는 공공 공간에 놀이기구와 오렌지 컨테이너, AV 장비를 설치했다(http://muf.co.uk/portfolio/gillette-square-2009/ 참고, 2019.6.22. 접속).

그림4. 질레트 광장, 런던 달스턴. 이 광장은 정기적 혹은 일시적 행사, 또 기획되기도 하고 즉흥적으로 일어나기도 하는 다양한 활동이 발생하는 하나의 아상블라주다.

이러한 것들을 통해 우리는 이 광장의 형식적인 도시 디자인과 관리 체계가 공간에서 즉흥적으로 일어나는 비정형적 활동과 상호 작용한다는 것을 알 수 있다. 그러나 이러한 연결 관계를 활성화하기 위해서는 공공 장소를 여러 가지 다른 방식으로 사용하는 것에 대해 생각하게 만드는 일종의 플랫폼으로 기능할 수 있는 거리를 만들어야 한다.

도시의 표면을 아상블라주로 이해한다는 것은 개별 요소의 디자인에만 초점을 맞출 수 없고 다양한 요소 사이의 상호 관계, 그리고 이것이 사회적 차원과 어떻게 상호 작용하는지에 관해 각별히 주의를 기울여야 한다는 것을 의미한다. 중요한 것은 화강암 지면이나 키오스크를 제공하는 것이 아니라 이러한 요소들과 광장의 활용/관리 사이에 일어나는 상호작용이다. 나아가 이러한 요소들이 광장에 있는 소상업과 어떻게 관계를 맺는지, 이것을 그룹마다 어떻게 다른 형태로 사용하는지, 광장에서 일어나는 모임의 유형을 살펴보아야 한다. 이 중 어느 요소에도 고정된 기능은 없으며, 서로 다른 물질적, 비물질적 요소와 상호 작용하는 방식에 따라 다양화될 수 있는 힘이 그 안에 담겨 있다.[4] 이런 식으로 우리는 공공 공간을 거의 무한대로 활용할 수 있고 여기에서 한없는 연합의 가능성이 일어난다.[5]

이러한 표면 개입은 연결 관계를 **가능하게** 하는데, 이때 기획

4. McFarlane, 'The City as Assemblage', p. 653.
5. Sendra, 'Rethinking Urban Public Space', p. 823.

되지 않은 활동과 사회적 상호작용을 독려하기 위해 공간의 역량을 어떻게 증대시킬 것인가 하는 문제가 제기된다.[6] 여기서 제시하는 도시 디자인 실험들을 통해 우리는 근대 도시에서 나타나는 '감각의 박탈sensory deprivation'[7]과 정반대되는, 사람과 물리적 환경 사이에 강렬한 관계를 만들 수 있다.[8] 다시 말해, 사람과 장소 간의 상호작용을 지원하는 데 물리적 환경이 적극적인 역할[9]을 한다. 이러한 개입은 모더니즘적 개발로 형성된, 안정되지만 무력한 환경과 상반되는 **변화하고 변이하는 조건**—연속적 적응 상태에 있는 표면—을 만들어낸다.

*

우리는 어떻게 이토록 경직된 도시 환경을 갖게 되었나? 20세기의 도시 개발에서는 복합성보다 질서를 우위에 두었다. [르코르뷔지에의] 『아테네 헌장The Athens Charter』(1933)에서는 도시를 기능에 따라 구분했는데, 이것은 서로 다른, 이미 규정된 구역으로 파편화된 도시를 만드는 데 강력한 영향을 미쳤다. 이에 따라 대규모 주택 개

6. Wall, 'Programming the Urban Surface'; Pablo Sendra, 'Infrastructures for Disorder: Applying Sennett's Notion of Disorder to the Public Space of Social Housing Neighbourhoods', *Journal of Urban Design* 21: 3, 2016, pp. 335–52.
7. Richard Sennett, *Flesh and Stone: The Body and the City in Western Civilization*, New York: W.W. Norton, 1996 [1994], p. 15.
8. Sennett, *The Conscience of the Eye*.
9. Wall, 'Programming the Urban Surface'.

발, 중심 비즈니스 구역, 레저·쇼핑 센터가 탄생했고, 단일한 기능에 집중된 한 지역에서 다른 지역으로 이동하는 데 걸리는 시간이 길어졌다.

이와 반대로 21세기에 들어서면서 도시계획자와 디자이너는 사무실, 주택, 상업시설 등 여러 다른 기능을 가진 공간을 도시 안에서 통합시키는 '복합 용도 개발mixed-use developments'을 주장하기 시작했다. '복합 용도'는 유행어가 될 정도로 도시 마스터플랜에 반드시 들어가야 하는 구성 요소가 되었다. 이런 의도에서 시도된 개발은 '기능적 도시Functional City' 효과를 뒤바꿀 수도 있었지만 여전히 즉흥적 활동이 일어날 수 있는 공간은 거의 찾아볼 수 없다. 모든 기능은 사전에 미리 결정되고 공공 영역에서 사람들이 할 수 있는 것과 할 수 없는 것에 관한 특정한 규정들이 있기 때문이다.

이런 개발은 북미와 유럽 택지 재생 사업의 접근 방식에서 공통적으로 나타났다. 1970년대 이후 미국의 오스카 뉴먼Oscar Newman, 그 후 영국의 앨리스 콜먼Alice Coleman 같은 도시계획자들은 범죄를 유발하는 근대적 택지와 관련된 도시 디자인을 비난하기 시작했다. 뉴먼은 '영역성territoriality', '자연적 감시natural surveillance', '이미지와 환경image and milieu'과 같은 원칙에 기반해 범죄를 몰아내는 도시 디자인 전략을 제안했다. 이 계획에서 뉴먼은 공공 공간과 사적 공간 사이에 위계를 만들고, 주변 공용 공간에 낯선 이들이 출입하지 못하도록 담이나 그 밖의 장치를 동원해 열린 공간을 구분하며, 외부인과 비호감적인 것들을 쉽게 판별할 수 있는 방법을 수

립하고, 해당 지역에 안 좋은 이미지가 굳어지지 않도록 모더니즘 건축 양식을 다른 스타일로 교체했다.[10]

영국의 앨리스 콜먼은 미국의 주택 프로젝트에 적용했던 뉴먼의 아이디어를 채택해[11] 육교를 없애거나 새로운 건물을 지어 울타리를 만듦으로써 거리의 감시 장치를 늘리는 등의 교정적 개입을 제안했다.

범죄 방지를 위한 뉴먼과 콜먼의 제안은 1970년대 이후 미국과 영국의 택지 재생 사업에 강력한 영향을 미쳤는데, 이들은 특히 두 가지 유형의 개입 방식을 촉진시켰다. 첫째, 근대적 부지의 특징인 널따랗게 열린 공간을 작게 나누고 건물에 거주하는 사람들만 제한적으로 접근할 수 있도록 열린 공간에 담을 치는 것이다. 낯선 이들이 열린 공간에 머물지 못하게 하는 이런 수단을 사용함으로써 주변 환경과의 어떠한 관계도 거부하는 수많은 이런 대지들을 외부인 출입 제한 주택지로 변모시켰다. 이로 인해 이곳은 사람들이 출근할 때만 거리에 나타나는 지역이 되고 사회적 상호작용의 가능성은 거의 사라진다.

두 번째 개입 유형은 기존 지역을 철거하고 소매업 같은 사용성을 통합하면서 임금 수준이 다른 사람들이 함께 거주할 수

10. Oscar Newman, *Defensible Space: Crime Prevention Through Urban Design*, London: Macmillan, 1972.
11. Alice Coleman, *Utopia on Trial: Vision and Reality in Planned Housing*, London: Hilary Shipman, 1990 [1985].

있는 '복합 용도 및 혼합 주거 개발mixed-use and mixed-tenure develop-ment'로 교체하는 것이다. 이런 식의 재개발—많은 경우에 '사회적 청소' 및 거주민의 장소 상실 과정과 맞물려 있는—은 또 다른 형태의 질서를 만들고 한층 더 강력한 사회 통제를 가한다. 이러한 새로운 개발 사업으로는 즉흥적인 활동이 일어날 수 있는 여지도 거의 사라질 뿐만 아니라 기능적 도시를 사회적 상호작용을 독려하는 장소로 전환시키지도 못한다.

닫힌 개발 열기

과도하게 많은 질서로 디자인된 도시 지역에서는 고립 효과가 나타나는데, 이에 변화를 주기 위해서는 주변 지역과의 연결 관계를 고려하는 것이 중요하다. 외진 교외에 위치한 외부인 출입 제한 주택지에서는 이웃과 연결될 수 있는 도시 망을 찾아보기 어렵다. 하지만 외부와 구분된 단일 기능의 지역인 경우, 특히 도시 내에 위치한 지역의 경우 외부로 열릴 수 있는 강한 잠재력이 있다.

지금까지 시내 택지 재생 프로젝트에서는 더 많은 건물을 지어 밀도를 높이는 방식과 기존 건물을 철거하고 지대를 재개발하는 방식의 접근이 이루어져 왔다. 그러나 이러한 접근으로는 새로운 관계를 만들 가능성도 없고 닫힌 개발을 열지도 못한다. 그렇게 하기 위해서는 고립된 여러 지역이 만나는 장소, 즉 이러한 도시 내 지역과 그곳에 거주하는 사람들 사이에 상호작용이 일어날 잠재성이 있는 장소인 가장자리에 개입해야 한다.[12] 세넷은 자연 생태계의 비유를 들면서 이렇게 가장자리에 개입하는 과정을 "[가장자리] 경계"—양쪽 간의 상호작용이 없는 한계—에서 침투가 가능하고 상호작용이 가득한 "[교류] 경계"로의 전환으로 설명한다.[13]

가장 처음으로 해야 하는 일은 침투가 가능한 [교류] 경계 또는 연결, 연합, 교류의 장소가 될 잠재성이 있는 거리와 도시 공간을 분별하는 것이다. 이를 위해서는 사람들의 습관, 움직이는 패턴, 상호작용, 사회화뿐만 아니라 장소가 작동하는 방식을 살펴볼 필요가 있다. 첫째, 보행자들이 주로 모이는 지점, 주요 종착 지점, 다시 말해 사람들이 멈춰 시간을 보내는 곳, 그리고 '외부인들'이 그 지역에 얼마나 자주, 언제 들어오는지를 파악해야 한다.

둘째, 현재 사회적 교환이 일어나는 주요 공간을 인지할 필요가 있다. 타지에서 온 사람들이 어디에서 상호작용을 하고 이 장소가 주변 환경과 어떻게 관계 맺는지, 이 공간에서 어떤 종류의 활동이 일어나는지 파악하는 것이다. 그런 공간으로는 커뮤니티 센터, 반⚹사적 정원, 열린 공공 공간, 간단한 쉼터, 그 밖에 특정 장소가 있을 수 있다. 셋째, 중요한 것은 벽, 담장, 통제 센터, 성 안으로의 진입을 막는 장벽, 낯선 이들이 못 들어오게 하는 담론적 기준 같은 것, 즉 현재 장소와 장소를 고립시키는 가로막을 탐지하는 일이다. 주택지 같은 장소에서는 외부인의 존재를 막는 이런 기

12. Sennett, 'The Public Realm'.
13. Sennett, 'The Public Realm'.

준이 다양하게 나타난다. 예컨대 오로지 주민들에게만 물리적 장벽—계단이나 공간을 보호하는 우거진 숲 같은 것, 가로막지는 않지만 출입을 권하지 않는 장치—을 드나들 수 있는 열쇠가 주어지는 외부인 출입 제한 주택지가 이에 해당한다.

이러한 분석을 통해 거리의 흐름을 끊었던 여러 종류의 장애물을 알아내고 지역의 고립과 파편화를 극복하기 위해 잠재적으로 개입해야 할 장소를 파악할 수 있다. 제인 제이콥스는 사회주택지대와 그 외 단일 기능을 중심으로 개발된 곳들을 "도시 망으로 다시 엮어야" 한다고 제안하는데, 이는 "주변 지역 망을 강화"한다는 의미이다.[14] 그녀는 또한 이런 거주 지역을 인근 도시 지역과 연결시키고 이러한 연결을 생성시키는 거리 풍경에 대해 재고할 것을 제안했다. 우리는 제이콥스의 제안을 토대로 지역과 주변 지역 사이의 연결을 보다 명확하게 정의하고 건물과 건물 사이 공간을 의미 있는 공공 공간으로 재디자인함으로써 도시의 표면을 사회적 상호작용이 일어나는 장소로 변모시킬 수 있다.

이러한 개입은 도시 표면에 연속성과 다양성[15]을 주어야 이루어질 수 있다. 도시와 주변 지역을 잇는 경계에서 파악된 장소는 여러 가지 다른 사물, 사람, 구축물과 자기규제 형태가 배치되고 분해되고 재배치될 수 있는, 연속적으로 이어지는 표면으로 변화한다. 질레트 광장에는 문양이 있는 화강암 노면이 있는데, 이것은

14. Jacobs, *The Death and Life of Great American Cities*, p. 511.
15. Wall, 'Programming the Urban Surface', p. 233.

사람들이 많이 붐비는 킹스랜드 로드와 두 개의 다른 길(브래드베리 스트리트와 올린 로드)로 연결된다. 노면의 디자인은 이렇게 광장으로 이어지는 시각적 연결성을 부여하고 기존의 도시 망으로 엮여 들어가게 만든다.

그러나 표면을 단지 연속적이고 동질적인 것으로 생각하면 다른 종류의 즉흥적 행동을 일으키지 못한다. 우리는 이미 모더니즘적 택지에서 이런 실수를 저질렀다. 근대 건축가들은 고층 건물 주변의 지면에 대규모로 연결된 녹지 공간을 만들어 레저 활동이 일어날 수 있게 했다. 하지만 이처럼 대규모로 열린 공간은 상호작용이 일어나는 공간을 만들지 못했다. 이렇게 무한히 이어지는 녹지 공간—여기에는 생활 편의 시설이 거의 없거나 아예 존재하지 않는다—에서 사람들은 시간을 보내면서 사교 활동을 하지 않았다. 이렇게 열린 공간에 대한 고려, 그리고 보다 많은 질서를 부여하려는 의지는 공간을 분리시키고 울타리를 치는 것으로 귀결되었다.

연속적 표면이 동질적일 필요는 없다.[16] 인공 환경과 그 안에서 일어나는 사회 활동 사이에 보다 강한 관계를 형성하기 위해서는 비표현적인 도시 그리드에 변화와 변이, 변형이 가해져야 한다.[17]

이것은 어떻게 이루어질 수 있을까? 과도하게 규정적인 구역화 그리고 모더니즘적 개발의 특징이 된 기능적인 구분보다는 여

16. Jordi Borja and Zaida Muxí, *El espacio público: Ciudad y ciudadanía*, Diputació de Barcelona and Electa, 2003.
17. Sennett, *The Conscience of the Eye*.

러 다른 장소를 연속적으로 연결하면서도 다양한 특성이 반영된 지면을 만드는 것이 방법이 될 수 있다. 이런 과정을 통해 다양한 건물, 공간, 여러 가지 활동을 폭넓게 유치할 수 있는 역량 있는 인공 환경이 구축될 수 있다. 예를 들어 보도에 부드러운 소재를 사용하면 어린이 놀이 공간을 유치할 수 있고, 거대한 장비에 버틸 수 있는 저항력이 강한 소재를 사용하면 무대를 설치하는 데 유용하다. 또 소재에 따라서도 특정한 활동을 유발할 수 있는데, 연결 구멍이 있는 소재를 사용하면 임시 구조물을 끼울 수 있고 물을 사용하는 활동에 필요한 적절한 배수 시설 또는 그 밖의 활동에 반드시 요구되는 인프라 시설 등을 만들 수 있다. 이렇게 인공 환경의 자산이 다양하면 또 다른 하위 구분을 할 필요가 없다. 그리고 그러한 다양성은 여러 가지 특질을 보유한 연속적인 표면을 통해 만들어질 수 있다.

공간을 담 같은 장애물로 구분하기보다는 다른 소재, 인프라에 접근하는 데 필요한 컬러 코드, 그 밖의 다른 사인물을 통해 사람들이 그 장소의 자산을 알 수 있게 한다. 이렇게 지면 레벨 표면의 물질성, 특질, 역량에 변화를 가하면 예기치 않은 새로운 사용성이 생겨나고 또 사람들이 이 장소에서 저 장소를 왔다 갔다 할 때 독특한 내러티브[18]를 생산해가면서 인공 환경을 보다 표현적으로 만들어가게 된다.

18. 같은 책.

연결성이라는 측면에서 장소를 풍부하게 만든다는 것은 현재 각각 파편화되거나 고립되어 있는 장소, 사람들, 그들의 다양한 활동을 잇는 표면을 제공하는 것만 의미하지 않는다. 잇는다는 데에는 내러티브 경험[19]과 상황의 다양성을 제공하는 일련의 사건, 장소, 기대하지 않은 마주침을 만들어낸다는 의미도 담겨 있다. 사람들은 이러한 다양성을 통해 예기치 못한 것들을 마주할 준비를 하고, 인공 환경—더는 내재적이지 않고 표현적이고 변화 가능한—에 한층 더 깊이 개입하게 될 것이다.

질레트 광장에서는 주요 도로와 다른 두 개의 도로를 잇는 도시 표면을 제공하고 일련의 전략을 통해 이 표면의 기능적 역량을 증대시킴으로써 다양성의 조건을 만들어냈다. 여기에서 일련의 전략이란 저렴한 대여비로 키오스크와 작업 공간을 제공하는 것, 각종 장비와 임시 도시 구조물을 보관하는 컨테이너 구축, 광장의 관리 프로그램 운영, 컨테이너 안에 있는 도시 구조물을 꺼내 설치하는 자원봉사자 관리, 그리고 이 공간으로 여러 활동과 문화적 장소를 끌어들이는 일 등을 가리킨다.

주변 환경과의 관계를 향상시키는 것만으로는 닫힌 도시 개발을 열린 형태로 변화시킬 수 없다. 질레트 광장에 연속적인 도로면만 구축했다면 다양성의 조건이 충분히 마련되지 못했을 수도 있다. 그것이 가능했던 이유는 공공 활동이 발생할 수 있는 조건

19. 같은 책.

을 조성하는 데 필요한 다른 요소들이 함께 충족되었기 때문이다.

계획되지 않은 것을 위한 조건 만들기

도시 표면이 계획되지 않은 활동[20]과 사회적 상호작용을 가능하게 하는 힘을 얻기 위해서는 각 도시 요소들의 디자인, 물질, 협의, 정책, 참여 과정, 공공 영역의 유지·업그레이드·응용, 그리고 무엇보다 이 모든 요소들 간의 상호작용이 중요하다.

개발 시 모든 활동과 기능이 미리 규정되어 있으면 즉흥적 활동과 사회적 상호작용이 일어나도록 뒷받침하지도, 사람들이 인공 환경에 개입하도록 독려하지도 못한다. 그렇다면 이 같은 '무질서를 위한 표면'은 어떻게 구축될 수 있을까? 이어지는 글에서 나는 이 표면을 배치하고 분해하고 재배치할 수 있는 전략을 제안하고자 한다.

어떻게 하면 사물, 물질, 그 밖의 요소들을 배열해 무질서한 공공 공간을 만들 수 있는 새로운 방안을 고안할 수 있을까? 과거 1990년대에 런던 동부 달스턴에 위치한 질레트 광장은 노후한 건물들[21]로 둘러싸인 주차장으로, 다른 사회 활동을 저해하는 공간이었다. 그러나 사업가들에게 저렴한 대여비로 키오스크—해크니 개발 조합이 지원·홍보하고 호킨스/브라운Hawkins/Brown이 디자인

---

20. Wall, 'Programming the Urban Surface'.
21. Hawkins Brown, 'Gillett Square'.

한—를 설치·제공하는 방식으로 개입하면서부터 그 주변으로 사람들이 모이기 시작했다. 그리고 이렇게 사람들이 모이는 지점들이 나타나면서 주차장을 광장으로 교체할 필요성이 분명해졌다.

이 프로젝트는 도시의 표면이 다른 무언가로 변신할 수 있는 잠재적 가능성을 집중적으로 조명하는 계기가 되었다. 이런 개입이 이루어지기 위해서는 주변에서 이미 일어나고 있는 활동, 그리고 지역 거주민과 잠재적으로 공공 공간에 모일 사람들을 면밀히 살펴야 한다. 도시 디자이너는 사람과 장소 사이에 이미 존재하는 관계에 대한 이 같은 관찰에서 시작해 도시 표면에서 일어나는 변이,[22] 왜곡, 변형을 제안하고, 새로운 상황이 나타날 수 있는 잠재성을 확장할 수 있다.

대부분의 도시에서 공공 영역을 지배하는 것은 자동차이다. 이 말은 곧 커다란 아스팔트 지역과 대로, 주차장이 종종 쇼핑몰이나 비즈니스 구역, 레저 시설, 거주지 바로 옆에 위치한다는 것을 의미한다. 미국 내 많은 지역의 경우 이러한 유형의 개발은 도시의 소멸로 이어져 왔고,[23] 그 결과를 되돌리는 것은 대단히 어려운 일이다. 모더니즘적 주택지에서는 건물과 건물 사이에 위치한 공간을 아무런 용도가 없는 거대한 녹지로 만들거나 담장으로 둘러싸인 지대, 주차장, 넓은 차로 등으로 변형해 구조화했다. 그런데 과연 이런 방식이 해답이 될 수 있을까?

22. Sennett, *The Conscience of the Eye.*
23. Albert Pope, *Ladders*, Houston: Rice University School of Architecture, 1996.

그림5. 런던 달스턴 지역 질레트 광장. 지역 상인들이 저가에 대여할 수 있는 키오스크. 사진: 에스트렐라 센드라. 2012. 4.

여기에는 속도 문제가 있다. 차량이 지배하는 공공 공간은 바르셀로나 수페릴라Superilla [수퍼블록]에서 해온 것처럼 일부 지역에 차량 접근을 제한하거나 특정 도로의 경우 차량 통행을 금지하는 등의 전략을 통해 변화시킬 수 있다. 수페릴라에서는 건물과 건물 사이에 위치한 공간이 대부분 보행로로만 사용된다.[24] 이에 더해 공공 공간 안에서 서로 경쟁하는 이들의 속도를 낮추는 방식으로 도로를 변화시킬 수도 있다. 이렇게 하기 위해 이동성 문제와 관련해 가장 먼저 해야 하는 첫 번째 과제는 모든 사람이 그 공간에 접근할 수 있다고 확인해주는 것이다. 나아가 사람들이 멈춰 서거나 속도를 낮추도록 유도하는 표면을 만드는 것이다. 도로면에 질감을 더하고 다른 물질[25]—나무, 금속, 고무, 여러 종류의 돌—을 섞는 동시에 잔디, 식물, 흙 같은 자연적인 표면 상태를 유지하면 사람은 여러 지점에 멈추어 서서 도시 표면에 개입하고 또 즉흥적으로 공공 공간을 사용할 수도 있다. 그리고 이러한 다양성은 사람들의 관심을 끌고 새로운 연합을 독려하는, '텍스처가 더해진 표면 textured surface'[26]을 탄생시킨다.

24. 바르셀로나시와 바르셀로나 도시생태 에이전시에서 개발한 포블레노우(Poble Nou)의 수페릴라 파일럿 프로젝트를 참고할 수 있다. 교통의 재분배를 통해 큰 블록 내부의 좁은 길이 차량의 지름길로 활용되는 것을 방지하고 속도도 시속 10km로 줄일 수 있다. 이를 통해 사람들의 사회 활동이 이루어질 수 있는 공간, 그린 공간, 놀이 공간의 확보가 가능하다. Ajuntament de Barcelona, 'Superilles', http://ajuntament. barcelona.cat/superilles/es/ 참고, 2019.6.20 접속.

25. Wall, 'Programming the Urban Surface'.

26. Abdoumalik Simone, 'The Surfacing of Urban Life', *City* 15: 3-4, 2011, pp. 355-

전후에 알도 반에이크Aldo van Eyck가 만든 암스테르담의 놀이 터를 예로 들어보자. 이 네덜란드 건축가는 1947년부터 1978년까 지 이 도시에 무려 734개의 놀이터를 디자인했다.[27] 어린이들이 와 서 탐색할 수 있는 모래, 물, 오를 수 있는 바위 등 여러 가지 다른 질감이 더해지고 [가장자리] 경계가 없는 놀이터로 대표되는 그의 디자인이 도시의 공터를 메웠다. 그는 이같이 촉각적으로 표면에 변화를 줌으로써 놀라움의 기회를 만들었다.[28] 반에이크의 놀이터 에서는 어린이들의 공간에 담을 세우는 대신 사람들이 있게 되면 서 자연스럽게 보안이 이루어진다.

공공 공간에서 나타나는 속도감을 방해할 수 있는 또 다른 방법으로 침투성—포장된 표면과 자연적 표면을 결합하는 것— 을 들 수 있다. 1980년대 이후로 유럽 전역의 건축가와 도시 디자 이너는 모더니즘에 대한 반동으로 단단한 소재를 사용해 딱딱하 고 침투성이 거의 없는 표면의 광장을 만들었고, 따라서 도시의 생물 다양성을 축소시키는 결과를 가져왔다.[29] 1980년대, 1990년대, 2000년대 전환점에 지어진 바르셀로나의 '하드 스퀘어스hard squares' 의 경우 사회적 상호작용이 일어날 수 있는 작은 공공 공간을 제공

56.

27. Rob Withagen and Simone R. Caljouw, 'Aldo van Eyck's Playgrounds: Aesthetics, Affordances, and Creativity', *Frontiers in Psychology* 8: 1130, 2017.

28. Richard Sennett, *The Craftsman*, New Haven and London: Yale University Press, 2008.

29. Rueda et al., *El Urbanismo Ecológico*.

그림6. (위) 부스텐블라서슈트라트, 암스테르담, 1955년경. (아래) 알도 반 에이크의 개입, 암스테르담, 1955년경. 출처: 암스테르담시 아카이브.

하는 데는 성공했지만 이 광장들은 도로의 침투성을 상당히 약화시켰다.

이렇게 다종다양한 질감은 예컨대 타일에 컬러, 소재, 사인물을 코드화하는 방식으로 표현될 수 있고, 이것은 사람들에게 '말하는' 데 사용될 수 있다. 그리고 이것은 지하의 인프라와 여타 공간적 기능에 관한 정보도 제공할 수 있다. 이것은 표면이 기능을 지배한다는 뜻이 아니라 사람들이 다른 가능성을 상상할 수 있도록 정보를 제공하는 것을 의미한다. 텍스처가 더해진 이런 표면 형식을 통해 구역화나 미리 규정된 디자인에서 벗어날 수 있고 동시에 공공 공간에서 다양한 사회적 활동이 일어나게 된다.

마지막으로 이런 개입을 통해, 세넷이 "나와 그것the I and the It"[30] 사이의 관계라고 표현한 것을 확장시키면서, 사람과 물질적 대상 간에 더욱 친밀한 관계를 북돋울 수 있다. 이것은 사람들이 환경과 보다 직접적으로 상호 작용하게 만드는 어번 아트urban art와 스포츠를 제공하는 방식으로 이루어질 수 있다. 예컨대 지역의 권위자들은 어번 아티스트나 스케이트보딩 같은 스포츠를 막고 고소하는 데 많은 자원을 사용하려는 경향이 있다. 이와 반대로 이들을 고립시키지 않고 이 활동을 공공 영역의 디자인에 통합시키면 공공 장소를 더 매력적이고 표현적이면서 생기로 가득한 곳으로 만들 수 있다. 그리고 이렇게 하면 활동을 금지시키고 고소하

30. Sennett, *The Conscience of the Eye.*

는 것보다 비용을 훨씬 더 절감할 수 있다. 전 보고타 시장인 구스타보 페트로Gustavo Petro는 미술가를 지원하는 계획을 통해 콜롬비아 수도인 보고타시에 그래피티를 활성화하는 법령을 시행했는데, 다른 한편으로는 그래피티가 합법화되는 지역과 그 조건에 제약을 가했다.[31] 이 법령은 그래피티를 둘러싼 논란을 잠재우지는 못했지만 라칸델라리아La Candelaria 거리—보고타의 구시가지—는 정치적 메시지와 저항이 가득한 아름다운 벽화로 명성이 높다.

이러한 첫 번째 개입은 도시 표면의 특정 부분에 내포된 힘을 증가시켜 더 많은 활동과 상호작용이 일어날 수 있는 가능성을 만들어낸다. 그리고 표면을 일종의 모듈형 시스템으로 구축함으로써 공공 영역을 유기적으로 변화시킬 수 있다. 사실 여기에서 설명한 세 가지 개입 유형은 배치, 분해, 재배치가 될 수 있는 퍼즐의 형태로 수행되어야 한다. 이는 도시에 활력을 불어넣을 수 있는 잠재적 힘을 부여하고, 그 안에서 공공 공간의 구축 프로세스는 '미완의 상태'[32]로 남겨지게 된다.

31. Sibylla Brodzinsky, 'Artist's Shooting Sparks Graffiti Revolution in Colombia', *The Guardian* (2013.12.30), https://www.theguardian.com/world/2013/dec/30/bogota-graffiti-artists-mayor-colombia-justin-bieber, 2019.6.20 접속.
32. Sennett, 'The Public Realm'.

6장. 단면의 무질서

도시는 거리에서 나타나는 그 모든 복합성만으로 존재하는 것이 아니다. 거리 위에서 일어나는 일도 아래에서 일어나는 일만큼이나 중요하다. 스티븐 그레이엄과 루시 휴잇Lucy Hewitt이 보여주듯이, 비판적 도시 이론에서는 도시 공간의 수직적인 차원에 충분한 관심을 두지 않았다. 이들은 수직 타워에 들어선 주택과 무질서한 공공 공간은 거리가 멀다고 보았고, 그러면서 도시가 위로 치솟으며 발생하는 특정한 분리 과정을 확인한다.[1]

수평적 판과 수직적 축의 이러한 단절은 여러 도시 개발 사례에서 찾아볼 수 있다. 20세기 중반, 미국과 영국 두 국가의 대도시

---

1. Stephen Graham and Lucy Hewitt, 'Getting Off the Ground: On the Politics of Urban Verticality', *Progress in Human Geography* 37: 1, 2013, pp. 72–92.

당국에서는 시 중심을 가로지르는 고가도로를 건설했다. 미국 내 수많은 도시에서 이런 일이 발생했고, 보스턴의 경우에는 1959년에 지어진 센트럴 아터리가 시내 중심지를 가로질렀다. 21세기 전환기에 보스턴시에서는 '빅 딕Big Dig'이라는 대형 프로젝트를 통해 이 고가도로를 지하 터널로 교체했다.[2] 뉴욕 맨해튼에서도 거의 같은 일이 일어났다. 로버트 모세스Robert Moses는 그리니치 빌리지를 가로지르는 고가도로 건설을 제안했지만 제인 제이콥스가 이끈 캠페인의 강한 영향 탓에 그의 계획은 무산되고 말았다. 이 두 가지 인프라 프로젝트는 강력한 장애물을 만들어내고 인공 환경을 파편화하면서 지역을 두 조각으로 쪼개놓았다. 런던의 경우에는 고가 철로(링웨이 I) 건설 계획이 전체적으로는 결국 무산되었지만 일부 구간은 세워지기도 했다.

이런 사업 중 하나인 웨스트웨이는 런던 서부의 노스켄싱턴 지역을 가로지른다. 이 프로젝트에서는 도시의 수직적 본질에 주의를 기울이지 않은 결과, 주택의 창문에서 불과 몇 미터밖에 떨어지지 않은 곳에 고가도로가 지나가게 건설되었고, 결국 그 지역에서는 사람이 살 수 없게 되고 말았다.

모더니즘적 주택 개발에서도 수직성이 간과되어왔다. '기능적 도시'에서는 보행로의 흐름과 차량의 흐름을 구분해 각각 다른 층에서 작동하게 했다. 그리고 사람들은 차를 몰고 이 '기능'에서 저

2. The Big Dig: Project Background, https://www.mass.gov/info-details/the-big-dig-project-background, 2019.6.21. 접속.

'기능'으로 이동하기 때문에 무엇보다 움직임에 우위를 두었다. 주택 개발에 대한 구상은 넓게 트인 공간에 서 있는 타워나 슬래브 블록 형태로 가시화되었고, 여기에는 녹색 지대, 도로, 주차장 등이 마련되었지만 건물과 지면 간에는 어떠한 관계나 상호작용도 일어나지 않았다. 이러한 수직적 기능 분리 탓에 공공 공간은 소외되고 사람들은 공공 영역에서 마주하는 낯선 이들의 존재를 두려워하게 되었다. 르코르뷔지에의 『내일의 도시The City of To-morrow』[3]에 담긴 드로잉에 주의를 기울여보면 주택 블록과 조경이 잘된 대형 지면이 수직적으로 분리된 것을 알 수 있다. 도로는 매우 넓어서 자동차는 이 기능(집)에서 저 기능(일)으로 빠르게 이동할 수 있고 도로 양 옆으로 늘어선 건물은 200미터 이상씩 떨어져 있다. 이러한 도시 구상에서는 건물로 둘러 싸인 거리에 있다는 느낌과 그 안에서 이루어질 수 있는 활동이 사라진다. 이는 거리를 분리시키고 건물과 지면 사이에서 거의 어떤 관계도 만들어지지 않는다.

　　무질서를 염두에 두고 디자인을 하다 보면 수직적 도시의 문제에도 봉착하게 된다. 지상에서 일어나는 즉흥적인 활동, 사람들이 낯선 이들과 상호 작용하고 인지하는 방식은 종종 공간을 둘러싸고 있는 건물의 건축적 구성, 건물의 높이, 각 층에서 일어나는 활동, 수직적 차원에서 나타나는 물질적이고 사회적인 차원의 질적 수준 등으로 중재할 수 있다.

3.　Le Corbusier, *The City of To-morrow and its Planning*, London: John Rodker Publisher, 1929, p. 238.

그림7. 르코르뷔지에, '미래의 도시와 도시계획The City of To-morrow and Its Planning' 중, 1929, p. 238.

건축가는 **단면** 드로잉을 통해 거리, 건물 내부, 지상층, 건물의 수직적 요소들 간의 관계를 이해한다. 많은 건축가가 평면도를 통해 드로잉을 시작하지만 건물의 디자인은 단면 드로잉에서 출발할 수도 있다. 렘 콜하스의 OMA에서 디자인한 시애틀 공공도서관 Seattle Library이 그 예에 해당한다. 이 건물의 디자인을 탄생시킨 다이어그램은 단면도로, 여기에는 여러 가지 활동이 수직적으로 배치되어 있고, 여러 건축적 프로그램 간에 이루어지는 수직적 연결성은 공공 활동이 일어날 수 있는 사이 공간을 생성한다.[4]

도시 디자이너가 단면에서 시작하면 건물의 형태론보다 결과적으로 나타나는 사이 공간, 서로 다른 요소들 간의 관계, 거리에서 일어나는 사람들의 경험에 더 초점을 맞추게 된다. 단면을 디자인한다는 것은 어떤 분위기[5]를 창조할 것인가에 주목하는 일이다.

이 모든 물질적, 사회적, 문화적 차원은 사람들이 공공 영역에서 낯선 이들을 어떻게 인식하는지에 영향을 주고 또 사람들이 공공 공간에서 좀 더 빨리 걷거나 멈춰 서게 만들기도 한다. 다시 말해 이러한 요소들은 사람들이 눈을 마주치거나, 인사하거나, 우연한 대화를 나누거나, 모임 등을 통해 서로 이야기를 나누고 상호

4. OMA(Office for Metropolitan Architecture), 시애틀 공공도서관, https://oma.eu/projects/seattle-central-library, 2019.6.21. 접속.

5. Antonio Tejedor Cabrera and Mercedes Linares Gómez del Pulgar, 'Beautiful architecture: Seven conditions for the contemporary project', in *Actas del Congreso EURAU 2010: Jornadas Europeas de la Investigación Arquitectónica y Urbana*, Naples, 2011, pp. 78–85.

작용하는 방식에 영향을 준다.[6] 이는 또한 공공 영역에서 활동—계획된 활동이나 계획되지 않은 활동—이 일어날 수 있게 혹은 일어나지 못하게 하기도 한다. 예를 들어 르코르뷔지에의 『내일의 도시』 드로잉에 나오는 도로를 보면, 폭이 200미터가 넘는 탓에 걷기를 장려하지도 않고 활동이나 모임이 일어나게 하지도 못한다. 반대로 질레트 광장에서는 키오스크, 저렴한 작업장, 보텍스 재즈 클럽, 달스턴 컬처 하우스, 임시 구조물 및 설비 보관용 컨테이너, 주변으로 이어지는 거리 등의 요소를 통해 지상의 도로와 주변 건물 사이에 관계가 형성된다. 이렇게 단면에 나타나는 각종 관계는 사회적 상호작용과 사람들의 활동이 일어나게 만든다.

건축가는 건물의 단면이 가장 긴 부분과 평행한 경우와 가장 짧은 부분과 평행한 경우에 맞춰 두 가지 종류의 단면도를 그린다. 이 드로잉은 각각 종단면과 횡단면으로 불리는데,[7] 도시 디자인에도 두 가지 모두 사용된다. 도시 공간에서 일어나는 개입을 디자인할 때 종단면은 다른 도시 공간들을 보여줌으로써 새로운 내러티브를 발굴하고 제안하는 데 도움이 될 수 있다. 여기에서는 다른 장소와 사건들로 전환되는 양상을 볼 수 있기 때문이다. 공간을 좀 더 가까이 들여다보는 횡단면 전략을 활용하면 도시 안에서 여러 관계 사이의 상호작용을 독려할 수 있는 분위기 조성 방법을 제안하는 데 도움이 된다.

6. Sennett, 'The Public Realm'.
7. Sendra, 'Infrastructures for Disorder'에서 경도와 단면에 관해 설명했다.

종단면

기능에 대한 과도한 규정과 공간의 분리 탓에 도시는 점점 더 파
편화되어가고 있다. 이러한 파편화는 단지 수평적인 표면에서만 일
어나는 것이 아니라 도시 경관의 수직적 요소에 의해서도 발생한
다. 도시 경관은 수평적 표면뿐만 아니라 수직적 요소들로도 구성
되기 때문이다. 선적인 시퀀스는 공간의 위계와 도시 삶으로부터
소외를 야기하는데 반해 세넷은 이와 반대되는 "내러티브 공간"[8] —
도시의 선형적 시퀀스를 방해하고 "갈등과 불협화음"을 허용하는
장소—의 디자인을 제안한다.[9]

  그렇다면 공간의 선형적 시퀀스는 무엇이고 그것은 도시 삶에
어떤 효과를 미치는가? 이것은 오스카 뉴먼의 '영토성territoriality'[10]
개념과 매우 흡사한데, 실제 이 개념은 1980년대 이후 많은 사회
주택 단지에 적용되어왔다. 뉴먼은 근대 건축이 범죄를 야기했다
고, 다시 말해 지역 내 한없이 열린 공간들에 반사회적인 행동이
모여든다고 생각했다. 그는 이 나쁜 효과에 맞서 공공 공간을 준
공공 공간, 반半공공 공간, 반半사적 공간, 사적 공간으로 전환하는
데 제약을 가할 것을 제안했다. 모더니즘적 주택지에서 그는 건물
들을 구분함으로써 공간들 간에 위계를 만들고, 고층 건물 주변의

---

8. Sennett, *The Conscience of the Eye.*
9. Sennett, 'The Open City', p. 296.
10. Newman, *Defensible Space.*

정원에 울타리를 치고 보안 설비를 운영해야 한다고 주장했다. 뉴먼은 이러한 선형적 시퀀스를 통해 자신의 영토 개념을 제안하고 있는데, 이 개념을 따르면 우리는 지역 내에서 낯선 사람을 더 쉽게 알아볼 수 있게 된다.

처음에는 뉴먼이 제안한 전환 방식이 꽤 논리적으로 보일 수도 있다. 그러나 그의 말처럼 구분선을 명확히 그을 경우에는 즉흥성이나 방해가 일어날 여지가 남지 않는다. 뿐만 아니라 이 구분선 때문에 외부인들의 접근이 허용되지 않고 도시 삶에서 또 다른 고립을 야기하는 폐쇄적인 공간이 생기고 만다.

뉴먼의 제안은 미국과 영국에서 모두 큰 영향을 끼쳤다.[11] 현재 일부 런던의 사회주택 단지에서는 공공 공간을 나누고 정원을 폐쇄하면서 이 영토화 개념을 재생산하고 있다. 근대적 공공 공간을 방어적인 공간 접근 방식으로 변형시킨 한 예로 러프버러 지대 Loughborough Estate를 들 수 있다. 이곳은 1950년대에 런던 남부에 위치한 브릭스턴에 런던 카운티 카운슬LCC에서 지은 사회주택 지역으로, 르코르뷔지에의 '주거 단지Unité d'habitation'에서 영감을 받아 낮은 주택, 중간 층의 블록 건물, 고층 슬래브 블록 건물의 혼합체로 구성되어 있다. 슬래브 블록 건물의 경우에는 필로티piloti[12] 구조

---

11. Ben Campkin, *Remaking London: Decline and regeneration in urban culture*, London: I.B. Tauris, 2013; Anna Minton, *Ground Control: Fear and Happiness in the Twenty-First-Century City*, New York: Penguin, 2009.
12. [옮긴이] 건물을 떠 받치고 있는 기둥.

로 지어 1층을 관통할 수 있게 만들었다.

　처음에는 자연으로 둘러싸인 고층 건물이라는 르코르뷔지에의 개념을 따라 슬래브 블록 건물을 에워싼 정원을 완전히 열어 두었다. 나는 램버스 아카이브Lambeth Archives, 런던 메트로폴리탄 아카이브, 램버스에 위치한 플래닝 어플리케이션 데이터베이스에서 찾은 증거 자료를 통해 이곳의 공공 공간이 어떻게 변형되었는지 볼 수 있었다.[13] 이 자료들을 보면 1990년대부터 모든 건물 주변의 정원을 주민들만 사용할 수 있도록 폐쇄한 것을 알 수 있다. 일부 이러한 사유지에는 놀이터를 짓거나 조경이 이루어졌고 일부 지역은 주차장으로 대체되었다. 슬래브 블록 건물들은 폐쇄되었고 관리인 공간이 마련된 보안 출입구가 만들어졌다.

　놀이터를 폐쇄된 정원 안에 마련하면 자녀들이 안전하게 뛰놀 수 있는 공간이 되기 때문에 주민들은 이런 정도의 디자인 개입을 환영한다. 그러나 이 개입은 담장으로 공간을 분리시키는 결과를 낳기도 한다. 제약 없는 도시 경관이 장애물, 주차장, 보안 장비가 갖추어진 관리인 출입구로 대체된 것이다. 이러한 도시 경관은 다른 영토, 다른 장소, 다른 사건을 관통하는 경험을 주지 못한다. 또한 공공 장소에서 사람들이 상호 작용하거나 다양한 활동에 개입하는 것을 가로막는다. 사람들은 폐쇄 정원에서 안전함을 느낄 수도 있지만 공공 거리는 거의 사용되지 않고 사람들의 모임을

13. Pablo Sendra, 'Revisiting Public Space in Post-War Social Housing in Great Britain', *Proyecto, Progreso, Arquitectura* 9, 2013, pp. 114–31.

이끌지 못한다. 결국 이곳에는 예기치 못한 것이 허용되지 않고 낯선 이들을 두려워하는 분위기가 조성되었다.

반대로 도시 공간이 일련의 풍성한 내러티브 신scenes으로 디자인되면 어떤 일이 일어날까? 세넷은, 낯선 이들로부터 장소를 보호하는 벽을 세워 공간을 제약하는 뉴먼의 전략과 정반대로, 투과성이 있는 [교류] 경계 만들기를 제안한다.[14] 여기에는, 방해 공간을 제공하는 일련의 상이한 공간과 사건은 물론이고, 구분을 야기하는 벽이 사라진 연속된 구역도 포함될 수 있다.

많은 지역의 경우 명확한 [가장자리] 경계가 있어서 물리적, 심리적 제약이 생긴다. 이런 제약에는 경우에 따라 다른 목적이 있을 수도 있고 다른 결과를 낳을 수도 있다. 예컨대 낯선 이들로부터 주민을 보호하는 것이 목적일 수도 있고, 사회경제적으로 다른 계층의 거주지를 구분하기 위한 경계선을 만드는 것일 수도 있으며, 때로는 고립과 분리를 야기하는 우연한 제약이 될 수도 있다. [가장자리] 경계는 여러 형태로 나타난다. 외부인 출입 제한 주택지나 사적 공유 정원 같은 경우에는 닫힌 벽이나 담의 형태로 만들어진다. 비교적 쉽게 통과할 수 있는 작은 담이나 물리적 장벽의 형태로 된 경우도 있지만 이 역시 제약을 만들기는 마찬가지이다. 두 공간을 분리하는 변화된 지형, 철로, 대로, 고가도로, 고가횡단도로 같은 인프라가 그 역할을 대신할 수도 있다. [가장자리] 경계

---

14. Sennett, 'The Public Realm'.

는 공백—두 영토 사이에서 제한을 표시하는 공터나 거대하게 열린 공간들—을 통해서도 만들어질 수 있다.

[가장자리] 경계를 [교류] 경계로 변환시키려면 경계의 특성에 따라 각기 다른 종류의 개입을 적용해야 한다.[15] [가장자리] 경계가 담이나 벽일 경우에는 지역을 분리하는 담, 벽, 그 밖의 물리적 요소들을 없애는 행동이 일어날 것이다. 이 물리적 제약을 없애는 것이 불가능할 때는 제약을 침투성 [교류] 경계로 변화시킬 수 있는데, 이러한 변화는 벽에 사람들의 활동이 더해질 수 있도록 도움을 주는 형태로 이루어진다. 벽이 사람들의 활동이 일어나는 장소가 될 경우, 바로 여기에서 양쪽에 있는 두 장소 간에 상호작용이 일어나게 되고 영토 간에 전이가 발생한다. 나는 이 책에 수록된 도판 사례에서 사회주택 단지 안에 위치한 고층 건물과 그 주변을 에워싼 공유 정원에 공간적 제약을 가하기 위해 세워진 담을 여러 활동과 사회적 상호작용의 공간으로 변형할 수 있다는 것, 다시 말해, 닫힌 [가장자리] 경계를 침투성 [교류] 경계로 전환시킬 수 있다는 것을 보여주었다.

[가장자리] 경계에 지형적인 변화가 포함되어 있으면, 행동도 [가장자리] 경계를 상호작용의 장소로 변화시키는 양상으로 나타나는데, 높이가 다른 곳 사이에 테라스 공간을 만들어 사람들이 걸터 앉거나 교류할 수 있게 만드는 것이 가능하다.

15. 같은 글.

인프라의 한 부분 때문에 지역 간에 분리가 생길 경우에는 중대한 공학 작업이 필요하고 또 의사결정 과정에도 시간이 오래 걸릴 수 있다. 이 공학적 작업이 일어나게 하려면 일단 [가장자리] 경계를 상호작용이 가능한 장소로 변화시키는 일시적인 해법을 실행하고, 그 후에 [가장자리] 경계가 [교류] 경계로 변화되어야 한다고 주장해야 한다. 예컨대 1960년대 후반, 런던 노스켄싱턴 커뮤니티에서는 웨스트웨이 아래 공간을 자연스럽게 형성된 놀이터로 사용했는데, 이 작은 개입이 있은 후 고가도로 아래 23에이커의 땅을 공동체 용지로 주장하는 일이 일어났다.

[가장자리] 경계가 공터로 만들어졌을 때는 이 공터를 전환의 공간으로 변화시켜야 한다. 이는 다양한 활동이 일어나는 쉼터와 상호작용이 이루어지는 장소를 제공함으로써, 또 단면에 연속성을 더해 공간의 위계를 없애는 구조나 요소를 만드는 방식으로 이루어질 수 있다. 한편, 연속성이 곧 동질화를 의미하지는 않으며, 각 공간은 그 자체의 특성을 보유해야 한다. 지역 중심지에 위치하는 공간은 주거지 공간과 다르다. 그러나 서로 다른 특성을 지닌 공간들 사이의 전환은 사람들을 불러들이는 형태가 되어야 한다.

연속성을 만드는 전략은 다양한 경험을 가능하게 하는 전략과 결합되어야 한다. 방해를 위한 공간은 서로 다른 사물과 상황이 겹치고 예견되지 않은 활동이 일어나는 곳이다. 세넷은 이곳을 "시간이 충만한 장소"라고 정의한다.[16] 내러티브의 단면도에는 여러

16. Sennett, *The Conscience of the Eye.*

활동이 나타나고 다양한 프로세스가 작동하는 공간의 다양성이 담겨 있다. 종단면에서 이러한 공간을 만들기 위해서는 방해와 예상치 못한 활동이 일어날 수 있는 장소가 창출되어야 하고, 이를 위해서는 수직적 요소를 더하는 개입이 이루어져야 한다. 이 수직적 요소들은 기존 환경에 따라 다른 형태를 띨 수도 있고 다른 방식으로 조합이 이루어질 수도 있다.

여기에서 말하는 수직적 요소는 공공 공간에서 사람들의 활동을 유치하는 가벼운 구조물light construction, 활동이 이루어지는 곳에 마련된 쉼터, 건물과 거리 사이에 더 많은 상호작용이 이루어지게 하는 견고한 구조물solid construction을 의미한다. 질레트 광장에 있는 장터 구조물이 그러한 예가 될 수 있다. 그 밖에 가로등이나 앉을 수 있는 공간, 그리고 종단면 내부의 각 공간에 특정한 질적 가치를 부여할 수 있는 또 다른 유형의 공공 시설물urban furniture 같은 영구적인 요소도 있을 수 있다. 또한 영화 스크린, 놀이 기구, 스포츠 설비, 무대, 의자, 조명 같이 공공 장소에 설치되고 이동이나 철거가 가능한 임시 설비 요소도 여기에 포함될 수 있다. 질레트 광장의 경우 사람들은 발생하는 활동 유형에 따라 이 같은 요소들을 통해 인공 환경을 변형시킬 수 있다.

종단면에서 다양성을 창출할 수 있는 또 다른 방식은 다종다양한 식물을 심는 것이다. 이때 식물이 자라는 데 필요한 구조물과 지지대가 이 기능을 수행할 수 있다. (이 책의 도판 섹션에 포함되어 있는) 종단면을 보여주는 도판에서는 다양한 수직적 요소를 더함으로써 어떻게 변화하는 환경을 만들 수 있는지 보여주는 사례를 제시한다.

　이러한 수직적 요소들은 도시 표면에 배치될 수 있으며, 예측 불가능한 상황이 발생하게 하는 추가적인 역량—설비 시설, 활동에 필요한 적절한 쉼터, 거리에 접한 대지—을 제공할 수 있다. 이 요소들은, 특히 창문이나 문 없이 벽만 세워진 건물 부근, 또는 건물과 거리의 상호작용을 더욱 향상시킬 필요가 있는 건물 부근에 배치될 수 있다. 앞서 설명했듯이, 이 요소들은 기존의 벽이나 담에 부착되어 [가장자리] 경계를 [교류] 경계로 변화시킬 수도 있다.

　이 같은 수직적 요소들을 더함으로써 고정된 위계의 벽이 아니라 변화하는 도시 경관에 따른 종단면의 다양성을 제공할 수 있다. 이 내러티브 단면은 도시 환경을 지배하는 분리선을 흐리게 만들 수 있다. 이와 같이 새로운 구조물과 도시적 요소의 집합체를 활용한 종단면 전략은 첫째, 침투성 있는 [교류] 경계를 구축하고, 이 경계는 도시 내 서로 다른 공간 간에 상호작용이 발생할 수 있는 새로운 공간을 생성한다. 둘째로, 이 전략은 도시 경관에 다양성을 제공하고, 마지막으로 이것은 방해의 공간, 예기치 못한 활동—무질서에 대해 보다 긍정적인 관점을 갖게 하는—이 일어나는 공간을 만들어낸다.

횡단면

종단면에서 사용되는 전략—일련의 경험을 만들고자 하는—과 연관된 횡단면 전략은 각 도시의 경험을 풍부하게 할 수 있는 상세한 방안을 제기한다. 이 횡단면 전략은 인공 환경에서 경험의 다양성을 생성하고 수평적 표면과 수직적 요소가 어떻게 결합해 다른 역량을 만들어내는지 상세히 들여다본다. 횡단면에 개입한다는 것은 거리 공간, 사람들이 그 공간을 인지하고 경험하는 방식, 또 그 결과로 나타난 공간에서 사람들이 낯선 타인을 인지하는 방식 등을 고려하면서 물리적 환경을 교정하는 것을 뜻한다. 이것은 또한 내부와 외부, 공적 공간과 사적 공간, [교류] 경계 양 측면 간에 일어나는 상호작용에 각별한 관심을 기울이는 일이기도 하다.

얀 겔Jan Gehl과 같은 저술가들은 사람들이 낯선 타인을 지각하는 방식에 거리의 비율, 건물 크기와 휴먼 스케일의 관계, 사람들이 느끼는 폐쇄감, 도시 공간의 다양성 같은 요소들이 어떻게 영향을 미치는가를 연구해왔다.[17] 건물과 건물 사이에 만들어지는 공간의 특성과 비율 역시 특정한 관계 형식에 영향을 미칠 수 있다. 세비야에 있는 카스코 안티구오(고대 지구) 같은 역사적인 유럽 도시에서 볼 수 있는 좁은 거리는 낯선 이들 사이

17. Jan Gehl, *Life Between Buildings: Using Public Space*, Washington D.C.: Island Press, 2011 [1971].

에 독특한 지각 방식과 상호작용을 불러일으킬 수 있다. 반면 근대적 발전 과정에서 특징적으로 나타난 대규모 열린 공간과 여러 다른 활동이 수직적 층위로 분리되는 공간에서는 또 다른 형태의 상호작용, 즉 고립이 야기될 수 있다.

분리와 고립은 다른 형식으로 나타날 수 있다. 이런 것들은 공간적 한계가 정해지지 않았을 때 일어날 수 있는 일이다. 이런 현상은 아무런 한계가 없는 열린 공간, 또 이런 공간으로 인해 소외된 공공 영역이 만들어지는 일부 모더니즘적 주택지에서 찾아볼 수 있다. 이것은 또 다른 극단적 상황, 즉 폐쇄성이 지나치고 강력한 제약이 있을 때 일어날 수 있다. 아울러 이런 현상은 서로 다른 공간들 간에 상호작용이 활발하지 않을 때도 나타날 수 있다. 세넷은 근현대 건물의 파사드에 사용되는 판유리를 닫힌 [가장자리] 경계로 묘사하는데,[18] 여기에서 외부에 있는 사람들이 내부를 볼 수는 있지만 안에 있는 사람들과 밖에 있는 사람들이 서로 상호 작용하지는 못한다. 그는 또한 서로 섞여서는 안 되는 사물, 활동, 사람들을 분리하기 위해 자연 같은 요소들을 활용한 다양한 분리 형식에 대해서도 기술하고 있다.[19]

나는 이러한 분리 방식에 변형을 가하기 위해 사회적 상호작용과 교류를 허용하는 침투적 [교류] 경계를 만들 수 있는 전략을 제안한다. 이런 공간이 만들어지면 사람들이 낯선 이들에게 갖는

18. Sennett, 'The Public Realm'.
19. Sennett, *The Conscience of the Eye*.

공포를 극복하는 데 도움이 될 수 있을 것이다.

어떻게 하면 도시 디자인을 통해 이런 공간을 구현할 수 있을까? 우리는 건물과 건물 사이의 공간을, 배치되고 분해되고 재배치될 수 있는 상이한 요소들—물질적 및 비물질적—의 구성으로 생각해야 한다. 횡단면은 공간을 드로잉하고 디자인하고 이해하는 형식으로, 이것은 도시 영역을 구성하는 요소들 사이의 관계를 이해하는 데 도움이 된다.

단면도에 나타나는 이러한 요소들의 아상블라주를 통해 우리는 도시 경관을 휴먼 스케일에 맞게 제공할 수 있고, 이로써 사회적 접촉을 일으키는 도시 환경을 만들 수 있다. 이것은 건물과 건물 사이의 간격과 거리에 면한 구축물의 높이에 변화를 주는 방식으로 이루어질 수 있다. 휴먼 스케일을 고려하며 거리의 비율을 조정하는 것에 더해 수직적 요소와 새로운 구조를 재조합하는 방안도 있는데, 이런 디자인의 목표는 공공 영역 내에 다양성을 더하고 활동이 일어날 수 있는 쉼터를 제공하면서 즉흥성을 독려하는 환경을 만드는 것이다.

횡단면의 재배치는 어떻게 시작되는가? 횡단면에 대한 개입은 '지하'와 '지상'에 대한 개입과 연관되고 모두 비슷한 프로세스를 따른다. 그 첫걸음은 새로운 상호작용의 가능성을 열고 경직된 도시 환경을 해제하는 것, 단면도 안에 일종의 방해 요인을 도입하는 것이다. 질레트 광장의 경우 이 '방해'는 건물 뒤편 주차장 바로 옆에 자리한 키오스크에서 시작되었다. 그리고 그것은 키오스크를 중심으로 하는 사회적 상호작용을 낳았고 몇 년 후에는 광장의 건설로 이어졌다.

초기의 방해 요인들이 작동하기 시작하면 그 뒤에 이어지는 개입은 앞서 도입된 요소들에 더해지면서 상황에 맞게 단면도를 변화시키고 즉흥적인 활동의 출현을 도모하는 다양한 도시 환경을 생성시킨다. 세비야의 준 외곽 지구에는 사용되지 않는 부지가 있었는데, 2008년 이후 최악의 경제 불황이 이어지면서 문화적 인프라 자원이 거의 없던 상황에서 극장 회사인 바루마 테아트로Varuma Teatro와 건축가 산티아고 치루게다Santiago Cirugeda(레세타스 우르바나스Recetas Urbanas 건축 플랫폼)가 협력해 이곳에 서커스 학교를 설립했다.[20] 이들은 첫째, 서커스와 '아라냐Araña(거미)'를 구축했다―아라냐는 조립식 기둥으로 만들어 연결한 네 개의 다리로 세워지는 맞춤형 조립식 컨테이너를 칭한다. 두 구조물은 모두 재생 소재로 만들어졌고 사용자가 직접 구축할 수 있게 디자인된 것으로, 문화적 이벤트와 각종 활동에 풍부한 다양성을 더했다. 곧이어 이 방식은 동일한 구성plot[21]을 활용해 새로운 자가 구축물을 세

---

20. María Carrascal, Pablo Sendra, Antonio Alanís, Plácido González Martínez, Alfonso Guajardo-Fajardo and Carlos García Vázquez, '"Laboratorio Q", Seville: Creative Production of Collective Spaces Before and After Austerity', *Journal of Urbanism: International Research on Placemaking and Urban Sustainability* 12: 1, 2019, pp. 60–82.
21. Recetas Urbanas, 'La Carpa—Artistic Space', https://www.recetasurbanas.net/v3/index.php/en/component/joomd/proyectos/items/view/la-carpa, 2019.9.15 접속.

우려는 협력 콜렉티브―시청각 프로젝트를 수행하는 사진 랩으로, '열린 교실open classroom'인 페르골라pergola[22] 등―로 확산되었다. 라 카르파La Carpa(텐트)라고 알려진 공간의 경우에는 새로운 사물이 추가적으로 조합되고 새 콜렉티브들이 참여하면서 유기적으로 성장해갔다.[23] 이것은 복제 효과를 지닌 초기 '방해 요인'이 무성인가를 보여주는 좋은 사례이다.

횡단면에서 조합되는 수직적 요소들은 '지상'과 '지하'에서 제안한 인프라처럼 모듈형 시스템을 따를 수 있다. 이 요소들은 사적 영역과 공적 영역 사이, 담장이나 벽 같은 기존의 '[가장자리] 경계'[24]에 가벼운 구조물로 구현될 수 있고 결과적으로 상호작용의 장소로 변형될 수 있다. 이것이 '[가장자리] 경계'에 위치했을 때는 앞서 언급했던 또 다른 형태의 고립에 맞설 수 있다. 공공 영역의 한계가 규정되지 않은 경우, 이런 구조물 덕분에 거리는 더 나은 방향으로 규정될 수 있고, 닫힌 벽이 열리면서 수직적 고립이 극복될 수도 있다.

공공 영역에 대한 제한이 규정되지 않은 모더니즘적 주택지에서는 거리를 잘 규명함으로써 사회적인 접촉을 활성화시킬 수 있

---

22. [옮긴이] 정원에 덩굴 식물이 타고 올라가도록 만들어 놓은 아치형 구조물.
23. 4년 동안 시의 지원이 부재하고 장애물이 생기면서 2014년에 콜렉티브들은 라카르파 (La Carpa)를 철거하고 떠나기로 결정했다. https://www.youtube.com/watch?time_continue=1&v=IeQhB7LvSFI 참고, 2019.6.21.
24. Sennett, 'The Public Realm'.

다.[25] 거리를 새로 건설하지 않고 기존의 인공 환경에 새로운 구조물을 더하는 것만으로 가능한 일이다. 담이나 벽으로 분리되었을 때, 그 밖의 수직적 형태의 고립이 생겼을 때 이렇게 다른 구조물을 추가하면, 분리된 공간 사이에 상호작용이 일어나는 장소를 만들 수 있다.

개입을 할 때는, 이 같이 더 나은 거리의 개념을 실행한다는 명목으로, 견고한 구조물이나 벽을 세운다거나 기존의 건물을 철거하는 방식은 피해야 한다. 미국, 영국, 그 외 여러 유럽 국가에서 이루어진 택지 재개발에서는 기존 건물을 철거하고 그곳을 적절한 감시가 가능한 전통적 거리로 대체하는 경향이 있었다. 이렇게 '거리'를 건설한다는 것은 수많은 주택지를 전체적으로 철거하는 일이고, 경우에 따라 이것은 사회적 청소 행위를 정당화해왔다. 그러나 '거리'는 기존에 만들어진 인공 환경 속에 존재하는 다양한 요소들을 배치함으로써 조성될 수 있는 것이다. 이것은 세넷이 말하는 "세포 벽cellular wall"—"저항성과 침투성"을 모두 갖추고[26] 상호작용을 허용하는—처럼 작동하는 구조물을 지음으로써 이루어질 수도 있다. 다시, 주택지의 횡단면에 개입할 때는 보통 주차장 표면과 정원의 담으로 사용되는 공간을 점유하고, 거리를 규정하는 가벼운 구조물에서부터 시작해야 한다. 질레트 광장의 사례에서 보았

25. Julienne Hanson, 'Urban Transformations: A History of Design Ideas', *Urban Design International* 5, 2000, pp. 97-122.
26. Sennett, 'The Open City', p. 294.

듯이, 키오스크와 컨테이너 같은 비교적 가벼운 구조물은 공간의 외형을 확장시키는 활동이 일어나게 만들고 다른 구조물을 보관하는 기능도 한다. 라카르파에서처럼 상부에서는 다른 활동을 지원하고 각 활동의 필요에 따라 수직적으로 성장할 수 있는 구조적 힘을 내포한 가벼운 구조물을 제공하는 것도 방법이다. 그렇게 하면 구조물은 유기적으로 성장할 수 있고 필요에 따라 적절히 대응하면서 구조물이 더해질 수도 있다. (이 책의 도판 섹션에 포함된) '횡단면' 실례에서 볼 수 있듯이, 이런 구조물들은 처음에는 지면을 덮는 형태로 나타나지만 다른 상부의 구조물과 배치될 수 있는 선택지를 제공한다.

구조물을 배치하기 위한 이런 열린 시스템은 공통적으로 표면의 유연성과 모듈적 특성을 통해 구조물의 아상블라주를 이루면서 결과적으로 여러 유형의 상황을 지원하고 다양한 인공 환경을 제공하며 끊임없이 변화를 꾀하는 역동적인 횡단면을 창출한다. 또한 이 시스템은 다른 종류의 구조물과도 연합될 수 있고 이런 구조물은 어떠한 표면에도 연결될 수 있어야 한다. 라카르파에서 이것은 조립형 요소나 평범한 요소들—한데 모여 한층 복잡한 구조물을 구성하는—과 모두 결합해 만들 수 있다. 이때 **구조**structure라는 용어는 가로등, 나무, 이동식 식물, 거리 시설물street furniture 같은 요소들로 확장될 수 있고, 이것들은 표면으로도 연결될 수 있다. 이 요소들이 도시 표면에 존재할 수 있는가의 여부는 그 공간에서 일어나는 활동에 의해 결정된다. 이 모든 구조물은 유연하고 열린 시스템의 일부를 형성하고 여러 다른 아상블라주 형태로 특정한 상황과 순간에 대응한다.

공공 공간에서 느끼는 공포감 때문에 사람들, 공동체, 지역 당국, 개발자, 도시 디자이너들은 사적 공간과 공적 공간 사이에 강한 벽을 세우고, 집 안에서 더 큰 안전감을 갖도록 했다. 세넷은 『눈의 양심』에서 이렇게 집에서 피난처를 찾으려는 감성을 설명하면서, 이것이 도시가 만들어지는 방식에 어떤 영향을 미치는지 탐구했다.[27] 사적 공간과 공적 공간의 구분은 공공 공간의 활용을 저해하는 요소 중에 하나이다. 담장, 벽, 과도한 보안 설비를 갖춘 출입구와 같이 건물을 보호하는 강한 [가장자리] 경계는 공공의 모임과 활동을 활성화하지 않고 실제로 사람들을 끌어들이지 못하는 공공 공간을 만들어낸다. 이때 공공 공간은 단지 이 기능에서 저 기능으로 이동하는 역할을 할 뿐이다.

이런 부정적 효과에 맞서 우리는 개입을 통해 전환의 공간, 즉 사적인 것과 공적인 것 간에 상호작용이 일어나는 공간—사적인 것과 공적인 것 사이의 경직된 관계에 일정 정도의 유연성을 더하고 사람들이 집에서 나와 공공 장소에 있을 때 더 편안한 느낌을 가질 수 있도록 하는—을 제공할 수 있다.

여기에서 극복해야 할 과제는 사적인 것과 공적인 것 사이에 '제한선'을 어떻게 긋느냐의 문제이다. 어떻게 하면 거리 공간에 고

27. Sennett, *The Conscience of the Eye.*

립을 야기하지 않으면서 동시에 성공적으로 제한을 가할 수 있을까? 이때 제한 장치로 벽이나 담, 그 밖에 상호작용을 가로막는 요소들을 세우는 것은 피해야 한다. 또한 건물과 도시 표면 사이에 수직적인 고립을 야기하는 방식도 지양해야 한다. 대신 이것은 제한이 발생하는 지점을 상호작용의 장소로 전환시키는 구조물이 되어야 한다.

사적인 것과 공적인 것 사이의 상호작용을 위한 이러한 장소에는 다음과 같은 역량이 갖춰져 있어야 한다. 첫째, 이 장소에서는 소리를 들을 수 있고, 눈으로 볼 수 있고, 열린 공간에서 유희를 즐길 수 있어야 하고, 각기 다른 사생활을 보호할 수 있는 기준을 적용하여 침투성 있는 제한[28] 기능을 할 수 있게 해야 한다. 예를 들어 모더니즘적 주택 단지에서 열린 공간과 정원 등에 제한을 가할 때 정원의 한계를 정하는 구조물을 만들었지만, 여기에 더해, 그 구조물을 통해 건너편을 볼 수 있게 만들어 외부에서도 활동에 참여할 수 있게 하고 열린 공간으로 접근할 수 있는 지점을 세워주어야 한다.

둘째, 이 구조물을 중심으로 거리 및 열린 공간과 직접 상호작용이 이루어질 수 있는 활동을 유치해 거리에 생기를 불러일으키는 기능이 더해져야 한다. [이 책에 수록된] '횡단면' 실례들은 이런 전환 공간이 어떻게 다종다양한 활동—커뮤니티 공간, 스포

---

28. Sennett, 'The Public Realm'.

츠 공간, 공동체 부엌, 소상인들을 위한 장소, 함께 앉아서 휴식을 취할 수 있도록 지붕을 덮은 공공 공간—이 일어나게 하는지를 보여준다.

셋째, 이 구조물에는 사회적 접촉이 일어나게 하는 역량이 갖춰져야 한다. 앞서 설명했듯이, 세비야의 역사적 중심지 도시계획에서처럼 거리가 좁고 건물 높이가 낮으면 사회적 접촉 가능성이 높아진다. 이와 달리 르코르뷔지에의 빌 라디외즈Ville Radieuse의 경우에는 거리가 넓고 건물과 건물 사이가 200미터 이상씩 떨어져 있어서 접촉의 기회가 상대적으로 낮다. 그렇다고 모더니즘적 개발이 역사적 도시계획을 따라야 한다는 의미는 아니다. 반대로, 모더니즘적 주택에서 열린 공간에 제한을 가하는 사례를 계속 보자. '횡단면' 실례에서처럼, 비교적 낮은 구조물을 거리와 고층 건물 블록 사이의 전환 공간으로 놓으면 그 구조물들은 거리의 비율에 변화를 주고 휴먼 스케일을 구축해나가게 된다.

이러한 연결을 이해하고 조성한다는 것은 단면을 건물과 사람이 만나는 장소로 생각하는 것을 뜻한다. 이를 위해서는 사람이 특정한 공동체 자산, 공공 공간의 물건, 나무, 녹지 공간, 구축 환경에 있는 그 밖의 다른 물질적 요소에 어떻게 접촉하는가에 대한 이해가 요구된다. 이 관계를 이해하면, 새로운 개입으로 인해 기존의 사회적, 구축적 인프라를 해치지 않으면서 버려진 장소의 효율을 높일 수 있다. 이런 환경을 만든다는 것은 기존 공동체 공간 주변으로 인프라를 집중시키고 더 많은 기능과 역량을 가진 공간을 제공하는 것을 의미한다. 이를 통해 결과적으로 질서를 강제하는 방식과 상의하달식 의사결정 형태를 벗어나는 대안적 공간으로의 전환이 가능해진다. 이곳은 갈등을 조정하고 끊임없이 재배치를 불러일으키는 변화하는 특성을 지닌 대항 공간counter-spaces이 된다.

많은 경우 이런 공간은 지역 당국이나 개발자 혹은 디자이너가 아니라 공동체의 발의나 지역 활동가들의 주도로 만들어졌다. 웨스트웨이는 이 같은 대안적 공간이 어떻게 나타나는지를 보여주는 하나의 사례이다. 이 공간은 처음 저항이 일어나고 나서 50년 가까운 시간이 지난 후에도 여전히 논란이 되고 있다. 주민들은 공동체 공간이 점점 줄어드는 것, 공동체 자산의 사유화, 그렌펠 타워의 화재 같은 참사를 경험해왔다. 이 밖에도 논란이 되는 공간들이 계속 나타났는데, 한 예로 웨스트웨이 아래에 위치한 아클람 빌리지 내 베이 56을 차지하고 이것을 공동체 공간으로 변형하려는 움직임을 들 수 있다. 지역 활동가들이 담당하고 있는 이 공간은 그 자체로 지역 캠페인, 갖가지 투쟁, 연대, 공동체 발의와 문화에서 유래한 재료가 합쳐진 콜라주이다. 이곳은 끊임없이 재배치가 이루어지는 장소로, 그렌펠 타워 화재 희생자들을 위한 모금이나 문화 이벤트, 캠페인 미팅 또는 갈등 조정을 위한 기금을 모으고 보관하는 데 사용된다. 디자이너들은 지역의 노력으로 탄생한 이런 공간을 통해 각종 활동과 발의가 일어날 수 있는—사회적, 물리적—공동체 인프라를 제공하는 콜라주를 어떻게 구축할 수 있을지 그 방안에 관한 교훈을 얻을 수 있다.

7장. 과정과 흐름

공공 영역을 오픈 시스템—프로세스로서의—으로 만든다는 것은 첫째, 사회적 상호작용이 일어날 수 있는 조건을 창출하기 위해 초기에 개입하는 것을 의미한다. 이것은 공공 영역에서 협상, 동의, 콜렉티브의 각성, 서로 다른 형태의 상호작용—갈등까지 포함해—을 불러일으키는 장소, 콜렉티브 인프라, 그 외 물건을 창출하는 것을 뜻한다. 이러한 초기의 개입과 상호작용을 통해 사람들은 여러 상이한 형태의 교류를 더 잘 만들어내고, 공공 영역의 이용과 그 장소에 대한 콜렉티브 차원에서의 관리도 더 잘 할 수 있다.

둘째, 공공 공간을 하나의 프로세스로서 짓는다는 것은 공간을 불확실하게 디자인하는 것을 의미한다. 공공 영역을 '아래', '위', '단면'으로 구분하는 전략은 이 공간을 '불완전한'[1] 상태로 남겨두

---

1. Sennett, 'The Public Realm'.

면서 끊임없이 업그레이드하고 불확실한 미래에 맞춰가는 방식이다. 이런 전략은 고정된 기능보다 기능적 역량을 내재하고 있는 여러 다양한 요소들을 제공하는데, 이때 공공 영역에서 일어나는 행동과 상호작용은 그때그때 관계에 따라 달라진다.

이런 종류의 공공 공간에는 다양한 사용성―심지어 디자이너가 상상하지 않은 것까지도―을 이끌어내는 역량이 있다. 이는 건축가와 기획자가 불확정성을 만들어내기 위해 디자인해야 한다는 것을 뜻한다. 다시 말해 이들의 역할은 여러 가능성을 보유한 프로세스를 제안하는 것이다. 불확정성을 위한 디자인을 현장에서 적용하려면 수많은 도전에 직면하게 된다. 특히 지역 당국, 클라이언트, 대중, 건축가, 기획자는 상황을 제어할 수 없는 것을 두려워하기 때문에 일반적으로 불확정성을 잘 받아들이지 않는다.[2] 이들에게 불확정성은 위험 요소로 다가온다.

그러나 여기에는 기회의 여지가 있다. 지역 당국과 그 밖의 기관이 공공 공간을 만드는 데 있어서 '협력-디자인 프로세스co-design processes'를 고려하기 시작한 것이다. 물론 많은 경우 이런 방식은 형식주의tokenism에 그칠 수 있기 때문에 참여적 프로세스를 브랜딩 하는 것에 주의해야 한다.[3] 그럼에도 실제 일부 지역 당국에서는 혁신적인 협력-디자인 형태를 제기하면서 불확정성의 위험

---

2. 같은 글.
3. Sherry R. Arnstein, 'A Ladder Of Citizen Participation', *Journal of the American Institute of Planners* 35: 4, 1969, pp. 216–24.

을 받아들이기 시작했다.

노르웨이 하마르시市에 위치한 스토르토리에트 광장Stortorget Square의 디자인 프로세스가 좋은 사례에 해당한다. 시 당국에서는 예술적 개입을 통해 광장을 재활성화하는 기획을 공모했다. 그 결과 스페인의 건축 회사인 에코시스테마 우르바노Ecosistema Urbano가 수상하게 되었는데, 이들은 도시 예술의 직접적 개입 방안을 제시하지 않고 참여적인 광장 리디자인 프로세스를 제안했다.[4] 이 프로젝트에는 결정된 결과가 없다. 대신 광장에 대한 비전을 규정하는 과정에 시민들이 참여하게 하였다. 이때 시행 건축사와 지역 당국—업체를 선택한 주체—은 불확정성을 수용하면서 공간 만들기에 개입한 것이다.

스토르토리에트에서 행해진 참여적 협력-디자인 프로세스는 단기적 도시 행위와 일시적인 이벤트를 연이어 개최하면서 사람들을 끌어들였다. 이 이벤트를 통해 사람들은 광장의 콜렉티브 디자인에 스스로 참여 동기를 부여할 수 있다는 사실과 공공 공간에 내재한 가능성을 인지하게 되었다.[5] 이 사례는 프로세스를 통해 사람과 공간 사이의 상호작용이 어떻게 일어나고 콜렉티브의 인식이 어떻게 촉발될 수 있는지를 보여주었고, 다른 한편으로는 완결된 프로젝트라는 개념을 떠나 불확정성을 수용하는 오픈 프로세스로

4. Ecosistema Urbano, *Dreamhamar: A Network Design for Collectively Reimagining Public Space*, Seville: Lugadero, 2014.
5. 프로세스는 Ecosistema Urbano, *Dreamhamar*에 상세하게 기술되어 있다.

의 전환을 확인해주었다.

　건축가, 도시 디자이너, 기획자는 불확정성으로 일하는 방식을 익혀야 한다. 디자인 프로세스에서 나타나는 여러 단계를, 그리고 각 단계에서 나올 수 있는 결과를 세심하게 고려해야 한다.[6] 나아가 이 단계들은 선형적인 프로세스로 진행되어 단일한 결과를 낳아서는 안 되고, 어느 단계에서건 다시 시작하거나 이전 단계로 돌아갈 수 있는 비선형적 프로세스가 되어야 한다. 이 단계들은 동시에 작동할 수도 있고 겹치면서 상호 결합될 수도 있다. 따라서 나는 이것을 순차적으로 설명하지 않고 두 가지가 동시에 겹치는 프로세스—상호작용을 위한 디자인과 불확정성을 위한 디자인—로 제시한다.

상호작용을 위한 디자인

협력-디자인 프로세스에서는 단계마다 '실패'의 가능성이 있다. 그렇다면 여기에서 '실패'란 무엇을 의미하는가? 협력-디자인은 사람들이 공공 영역에서 이루어지는 개입에 참여하지 않을 때—더는 참여하지 않을 때—실패한다. 이 같은 참여의 부재 혹은 종결은 어떤 단계에서든 일어날 수 있다.

　사람들이 초기의 개입을 환영하지 않으면 아주 처음부터 참

6.　Sennett, 'The Open City', p. 296.

여의 부재가 발생할 수 있다. 이런 일은 지역 당국(또는 다른 조직들)에서 건축가나 도시 디자이너에게 '장소 만들기placemaking' 개입 방식 개발—공공 영역에 개입해 그 공간들을 활성화하고 사람들이 그 공간을 사용하도록 하는 일—을 위탁할 때 일어날 수 있다. 초기 개입 단계에서 기존의 활동이나 공동체 조직들, 지역적 관심사를 주의 깊게 고려하지 않으면 시민들의 참여를 충분히 이끌어내지 못할 가능성이 매우 높다. 특히 지역 당국이나 조직에서 공공 공간 디자인 커미션을 주는 것에 대해 주민들과 논쟁이 벌어지는 경우를 보면, 주민들은 이 같은 외부적 힘의 개입을 못마땅하게 여기면서 자신들이 고려 대상에서 배제되었다는 느낌을 갖게 된다.

초기 개입을 통해 새로운 협의를 이끌어내고 주민들의 참여와 사회적 상호작용의 형태를 성공적으로 작동시켜도 여전히 디자인 프로세스는 '실패'할 수 있다. 협력 디자인 프로세스에서는 건축가, 도시 디자이너, 지역 당국, 펀딩 주체, 그 외 기관들의 개입이 이루어진 이후라 하더라도 시간이 흐름에 따라 사회적-물질적 상호작용이 어떻게 지속될지를 설명해내지 못하면 초기 개입은 결정적 순간을 놓칠 수 있다. 펀딩이 부재한 탓에 협의 같은 다른 상호작용이 멈출 수도, 공공 영역의 활동이 더는 이루어지지 못할 수도 있으며, 그러면 결국 초기 개입은 의미 없이 사라지게 된다. 다시 말해 일정 기간 동안 개입을 했던 이 공공 공간은 결국 닫힌 시스템으로 남겨지고 만다.

진행의 시작 단계에서 초기 개입 방식을 통해 사람들을 어떻게 참여시킬 수 있을까? (앞 장에서 설명한) 여러 물리적 개입을 통해 어떻게 협의와 그 밖의 다른 상호작용을 이끌어낼 수 있을까? 이렇게 생성된 사회적-물질적 상호작용은 지속될 수 있을까? 다음의 전략들은 이런 물음에 대응할 수 있는 방안을 제시한다.

첫 번째 단계로, 이미 존재하는 것을 바탕으로 그 위에 구축해나가기 위해서는 해당 장소의 사회적, 물리적 인프라를 이해해야 한다.[7] 그러한 사례로는 J&L 기번스J&L Gibbons와 머프 아키텍처/아트muf architecture/art의 '달스턴 공간 만들기Making Space in Dalston'를 들수 있다. 이것은 런던시의 보로인 해크니[지역]와 LDA, 그리고 디자인 포 런던Design for London 프로젝트의 일환으로 시행되었다. 이기획은 전통적인 '마스터플랜' 개념에서 출발해 달스턴의 공공 공간을 발전시키고 기존의 여건 위에 공동체 인프라를 구축하는 프로세스를 제안한다.

이 프로젝트에서는 '기존의 가치를 보존하기', '가능한 것을 키우기', '부재한 것을 정의하기'[8]라는 세 가지 원칙으로 구성된 프로세스를 제안했다. 이들의 보고서를 보면 대부분 기존 공공 공간과 공동체 인프라, 달스턴에서 일어나는 활동에 대한 분석으로 구성

7. Peter Bishop, 'Approaches to Regeneration', *Architectural Design* 215, 2012, pp. 28–31.
8. J&L Gibbons LLP; muf architecture/art, 'Making Space in Dalston', London Borough of Hackney. Design for London / LDA, 2009. http://issuu.com/mufarchitectureartllp/docs/making_space_big, 2013.12.29 접속.

되어 있다. 이렇게 이들은 달스턴 지역에 이미 존재하는 사회적, 물리적 조건에 대한 깊이 있는 지식에 기반을 둠으로써, 기존 공간과 활동을 보존하면서 작은 개입들을 통해 점차적으로 확장시키는 제안을 할 수 있었다.

협력-디자인 프로세스의 첫 단계가 '이해'라면 도시 디자이너들이 관심을 기울여야 하는 사회적, 물리적 관계는 무엇일까? 첫째, 디자이너는 사람들이 공공 영역과, 또 기존의 공동체 인프라와 관계 맺는 방식을 포착해야 한다. 여기에는 도서관, 공공 공간, 교육 기관, 문화 공간, 사람들이 만나는 장소(이 중 일부는 사적 공간일 수도 있다), 그리고 기억이나 과거의 사건들과 특정한 연관성이 있는 장소들이 포함된다. 이 과정에서는 사람들이 이 장소와 어떤 유대를 갖는지, 이 공간들을 어떻게 활용하고 그러한 공간들을 만들기 위해 어떻게 참여하는지 이해하는 것이 중요하다.

또한 그 지역에서 일어나는 활동을 이해해야 한다. 지역 활동은 공동체 부엌, 어린이 놀이 그룹, 공동체 원예나 농업, 종교 활동, 지역 이벤트, 그 외 새로운 형태의 친목 모임일 수도 있다. 이러한 활동과 연계해 기존의 연대와 교류 관계를 이해하는 일도 필요하다. 이는 어린이 돌봄, 교육, 요리, 동료애(공동체성) 같은 특정한 일을 위해 서로 도움을 주는 과정이 될 수 있다. 여기에는 금전적인 교류가 있을 수도 있고 그렇지 않을 수도 있다. 또한 특정 공간이나 자원을 사용하기 위해 사람들 사이에 어떤 합의나 협의가 필요할 수도 있다. 이 모든 것은 기존의 사회적-물질적 상호작용에 기여하고, 바로 그 위에 초기 개입이 이루어질 수 있다.

아울러 공동체가 지역 내 기획이나 행동에 역사적으로 얼마나 개입해왔는지 이해하는 것도 중요한 사항이다. 지역민들이 이런 공간을 공적으로 사용해야 한다고 주장함으로써 공동체 인프라와 공공 공간의 어느 부분이 만들어졌는지 알아야 한다. 그리고 해당 지역 안에 어떤 공동체 관심 그룹과 활동가가 있고 어떤 캠페인이 행해지고 있는지 알고 직접 참여하는 것 또한 핵심적인 부분이다. 이 중 많은 그룹이 공공 공간이나 인프라 요인과 관련된 사안에 대해 수년간 캠페인을 해 왔을 수도 있다.

이 같은 리서치는 일을 진행하기에 앞서 기본적으로 이루어져야 한다. 어떤 것, 어떤 장소, 어떤 건물이 사람들에게 특정한 가치를 가지는지 알면 그 공간과 그것이 지닌 가치를 확실히 보존하고 확장할 수 있는 전략을 구상할 수 있다. 깊이 있는 리서치가 이루어지기 전에는 건축가의 눈에 매력적이지 않거나 '폐기된' 것처럼 보이는 공간이 있을 수도 있다. 그러나 이런 공간들이 어떤 그룹에게는 모임의 핵심 포인트가 될 수 있고, 그래서 그룹 멤버들이나 소수자들에게는 그 장소를 상실한다는 것이 서로의 교류 관계를 발전시켜 갈 수 있는 공간을 잃는 일이 될 수 있다.

런던 북부에 위치한 세븐 시스터스 마켓이나 엘러펀트, 캐슬 쇼핑 센터 같은 마켓에서 바로 이런 일들이 발생했었다. 이곳에서는 모두 라틴아메리카 공동체를 대상으로 하는 특정 식품과 물건을 판매하면서 만남의 장소로 기능했었다. 그러나 현재 이 장소들은 철거 혹은 장소 상실의 위협에 처해 있다.[9] 이 공간들이 가치 있는 공동체 인프라를 구축해 온 만큼 디자인 기획에서는 이 부분들을 삭제하기보다 존중하고 확장해야 한다.

아울러 지역 내에서 일어나고 있는 기존의 활동과 연대 및 교류 관계를 알고 있으면 이런 요소들을 확장시킬 수 있는 제안을 할 수 있다. 그런데 이런 요소들 중 어떤 것은 숨겨져 있기도 하고 때로는 자원이 충분히 지원되지 않기도 하며, 잠재성을 충분히 발전시키는 데 필요한 설비들이 갖추어지지 않았을 수도 있다. 그럼에도 특정한 상황에서 무엇이 필요한지 지레짐작하지 않는 것이 중요하다. 낡은 설비를 단순히 제거하고 공식화하면서 밝게 빛나는 새것으로 교체해버리면 기존의 비공식적 프로세스들이 사장된다. 설비를 교체하기보다 이들이 실제로 무엇을 필요로 하는지 파악하기 위해 이 설비들을 활용하면서 협력하는 것이 본질적이다.

기획 결정 과정과 공공 공간 혹은 인프라를 만드는 일에 아래로부터 개입하는, 오랜 공동체 행동주의 전통이 있는 장소도 있고, 수년에 걸친 캠페인과 풀뿌리 운동의 결과로 만들어진 공동체 공간도 있다. 이 중 어떤 장소는 의미 있는 공동체 인프라를 지원하는 특정 활동이 이루어지는 데 핵심적인 역할을 한다. 그랜빌 공동체 부엌(런던 북부의 사우스 킬번 에스테이트)이 그 경우에 해당한

---

9. 2018년 사우스워크 위원회와 런던시에서 엘러펀트 앤 캐슬 쇼핑 센터의 재개발을 승인했으나, 이 글을 쓰는 현재, 2019년 10월로 예정된 고등법원 위헌법률심사에 걸려 있는 상황이다.

다. 여기에서는 지역 주민과 관심 있는 모든 이들에게 건강한 음식을 무상으로 제공한다. 이 행사는 거의 매주 금요일마다 '더 그랜빌The Granville'이라는 커뮤니티 센터에서 열리는데, 이 센터는 지난 몇 년간 진행되고 있는 도시 재생 사업으로 인해 위협에 처해 있다.[10] 이 같은 중대한 가치를 지닌 사회적 인프라—주민들이 타인과 교류하고 어울리며 건강한 음식을 접할 수 있는 장치—는 위험에 직면하지 않도록 지원을 받아야 한다.

강력한 행동주의 역사를 가진 공동체나 지역 활동을 조직하는 그룹들은 도시 디자이너들에게 엄청난 가치가 있는 대단한 지식을 보유하고 있다. 새로운 공공 공간이나 공동체 인프라를 제공하는 과정에서 디자이너들이 이 그룹들과 파트너십을 형성하면 기존의 사회적–물질적 상호작용을 확장하면서 효과적으로 새로운 일을 시작할 수 있다.

한편 그렇게 강한 형태의 연결성이 아예 존재하지 않거나 가시화되지 않은 곳들이 있다. 이런 곳에서는 사람들이 공공 공간이나 공동체 인프라에 참여하지 못할 수가 있는데, 이처럼 콜렉티브의 참여가 부재할 경우, 지금까지는 공공 도서관이나 커뮤니티 홀 같은 공공 자산을 제거하는 경향이 있었다. 그러나 이런 공간을

10. #세이브그랜빌—사우스 킬번의 그랜빌과 칼튼에 우리를 위한, 우리에 의한 공간을 확보하라!(#SaveGranville—Keep Granville and Carlton Site in South Kilburn a space for us, by us!). Change.org. https://www.change.org/p/savegranville-keep-granville-and-carlton-in-south-kilburn-a-space-for-us-by-us, 2019.6.23 접속.

없애기보다 전략적으로 새로운 상호작용을 가능하게 하는―사람들이 공공 공간, 중요한 물건, 공동체 자산, 지역 요소들에 참여하도록 독려하는―데 중점을 두어야 한다.

이 같은 상호작용은 공공 공간에 있는 공동의 인프라 자원, 공간, 물질적 요소들을 어떻게 사용하고 참여하며 관리할지에 관한 새로운 협의를 이끌어내기 위한 디자인적 개입 과정을 통해 나타날 수 있다. 공동의 자원과 공간을 사용하기 위한 협의가 필요할 때 공적 영역에서 무엇보다 요구되는 근본 요소는 사회적 상호작용이다. 또한 인프라와 공공 공간 문제에서 방해 요인을 제안할 경우에는 콜렉티브의 관리가 필수적이다. 이러한 방해 요인들은 필요에 관한 사람들의 생각을 변화시킬 수 있다. 이를테면 자원 소비에 대한 개인적 자각에서 자원의 생성과 관리, 소비에 대한 콜렉티브의 이해로 이동하는 것이다.

콜렉티브의 새로운 구성 요소들이 생성되고 작동하기 위해서는, 인프라가 부족하거나 무너진 상황에서처럼, 사람들이 자원 사용에 관해 협의를 해야 한다.[11] 예컨대 택지 내에 위치한 건물의 지붕에 태양열 집열판을 설치해 공동체 소유의 에너지를 생산하기 위해서는 이 같은 형태의 협의와 인프라에 대한 토론이 필요하다. 태양열 집열판같이 값어치가 있는 인프라를 주민들이 공동으로 소유할 경우, 어떻게 관계를 형성할지, 에너지를 어떻게 사용할 것

11. Graham and Thrift, 'Out of order'.

인지, 누가 이득을 얻을지, 여기에서 얻는 수익으로 무엇을 할 것인지에 대한 합의와 대화는 불가피하다.

런던에서는 비영리 조직인 '리파워링 런던Repowering London'에서 공동체 소유 에너지 프로젝트를 추진해 주민들이 펀드를 모으고 자신의 주거지에 직접 태양열 집열판을 설치하는 일을 도왔다. 이들의 첫 번째 프로젝트는 앞서 언급한 런던 남부 브릭스턴의 로우버로우 에스테이트에서 시행되었다. 이때 이들은 건물 지붕에 태양열 집열판을 설치하는 일을 도왔다. 여기에서 생산된 에너지 일부는 공동체 시설 운영에 사용되고 나머지는 사회 기관 설비에 판매된다. 생산 수익의 일부는 커뮤니티 펀드로 배분되어 공동체 활동을 조직하고 에너지 효율성을 높이는 사업에 사용된다.[12]

런던 동부 해크니 지역의 배니스터 하우스 에스테이트에서 이루어진 사업에서도 주민들이 공동 디렉터로 참여해 조합을 설립했다.[13] 이러한 공동체 소유의 인프라를 구축하면 보다 깨끗한 에너지를 만들어내고 대기업으로부터 벗어나 에너지 자치를 이룰 수 있을 뿐만 아니라 인프라에 대한 콜렉티브의 자각을 불러일으키고 생성된 에너지 관리 방안에 관한 새로운 형태의 연합, 모임, 토론,

---

12. Repowering London. 'Styles Gardens', http://repoweringlondon.org.uk/projects/styles-gardens, 2019.1.2 접속. 이 책을 쓰는 동안 '리파워링 런던(Repowering London)'은 '리파워링'으로 새롭게 브랜딩이 이루어졌고 웹사이트도 변경되었다. '리파워링' 업데이트 링크, https://www.repowering.org.uk/completed/, ('완료 프로젝트 Completed Projects' 메뉴), 2019.9.16. 접속.

13. '리파워링 런던', '해크니 에너지(Hackney Energy)', http://repoweringlondon.org.uk/projects/hackney-energy, 2019.1.2 접속.

협의를 이끌어낼 수 있다.

또한 공공 공간에 관한 개입을 위해서는 참여와 관련된 콜렉티브의 합의, 의사 결정이나 관리 같은 것이 필요할 수 있다. 이런 식으로 사람들 사이에 합의를 도출하면 도시의 표면—인프라와 그 밖의 특질/역량이 더해진—이 공공 영역의 활동을 발전시키는 데 어떻게 활용될 수 있을지에 관한 윤곽을 보여줄 수 있다. 따라서 도시 디자이너들은 주민들 간의 활발한 논의를 위해 콜렉티브의 합의를 이끌고 공적 영역 관리 시스템 구축에 필요한 초기 조건들을 통합시켜야 한다. 즉 이런 조건들은 지역의 그룹들과 함께하는 과정에서 구축될 수 있다.

작은 개입을 통해 새로운 협의와 콜렉티브의 관리 형태를 테스트해 볼 수도 있다. 예컨대 단편적인 인프라나 콜렉티브의 자원—공동체 소유의 태양열 에너지 또는 콜렉티브의 관리가 필요한 대지 등—을 공동체에 소개함으로써 어떤 합의를 먼저 도출하고 어떤 종류의 상호작용이 나타나는지 제시할 수 있다.

이 같은 협의에 박차를 가하기 위해 방해 요인들을 도입하려면 먼저 기존의 협의체와 자원을 공유해야 한다. 기존 협의체에는 공동체 자산을 방어하고 보존하기 위한 콜렉티브, 지역 단체, 지역 캠페인, 그 외 다양한 그룹과 개인이 포함될 수 있다. 이들이 요구하는 것을 이해하고 나아가 이 콜렉티브에 무엇이 필요할지—가로등 추가, 연료 부족 문제 타개, 공동체 활동에 더 많은 다양성을 확보할 수 있도록 공적 영역에 설비 보완—를 예측하는 것도 유용할 것이다. 도시의 공유 인프라나 공유 표면을 통해 콜렉티브와 공공의 필요를 표명함으로써 새로운 형태의 거버넌스를 도모할 수 있다. 이러한 초기 개입을 위해서는 사람들 사이에 협의가 있어야 하고 생성된 자원으로 무엇을 할 것이며 누가 그것을 소비할 것인지, 즉 이 자원의 생산/소비 과정에서 암시되는 교류 유형에 대한 초기 합의가 이루어져야 한다. 또한 공동체 활동을 위해 공적 영역을 어떻게 사용하고 그 활동에 어떻게 참여할지에 관한 합의와 프로토콜도 필요하다. 초기에 이루어지는 방해는 열림과 불확정성에 대한 실험이면서 동시에 콜렉티브의 관리와 거버넌스 유형을 찾기 위한 방안이다. 콜렉티브의 관리에서 일어나는 이 같은 첫 단계 실험은 시간이 흐르면서 점차 시스템을 여는 과정에서 진화하고 미래의 인프라 개입을 도모하게 될 것이다.

이러한 초기 단계의 개입을 통해 나타나는 상호작용, 협의체, 토론과 합의는 유동적인 교류 관계가 존재하는 하나의 시스템을 구축한다.

예를 들어 시의 기관 설비와 콜렉티브 인프라 사이에는 특정한 관계가 유지되는데, 그 안에서 콜렉티브 인프라는 시 기관 설비와 자원을 교류할 수 있는 힘을 얻게 된다. 그리고 다시 시 기관 설비는 도시에 자원을 재분배하고 인프라와 공공 공간에 누구나 평등하게 접근할 수 있도록 보장한다. 이때 시 기관 설비와 콜렉티브 인프라 사이에 위계적인 구조가 만들어질 수도 있지만 여전히 열림의 가능성, 대안적 거버넌스 형태, 미세한 단위의 유동적 교류가 존재한다.

　이 같은 유동적 교류는 인프라의 '하부'와 표면의 '상부'에서 모두 발생한다. 사람들은 자신이 원하는 활동을 발전시켜 갈 수 있는 역량이 내포된 표면상의 지점과 연결될 수 있고, 이것은 모든 사람들이 함께 할 수 있는 유동적인 교류 관계를 만들어낸다.

　콜렉티브 인프라와 표면은 모든 사람들에게 열려 있기 때문에 시 기관 설비 바깥에서 이루어지는 이러한 교류를 위해서는 특정한 관리와 거버넌스가 작동되어야 한다. 인프라를 어떻게 구축하고 관리하고 유지할 것인가를 생각해보면 세 가지 의문점이 떠오른다. 이것은 누구를 위한 것인가? 누가 비용을 지불할 것인가? 어떠한 합의들이 이루어지는가? 이 세 가지 물음을 던진다는 것은 유동적인 미세 단위의 자원 교류를 어떻게 이룰지에 관한 합의에 이르는 것을 의미한다. 콜렉티브 인프라와 관련한 문제에서는 두 가지 대상을 다루게 되는데, 그중 하나는 자원의 수집이고 다른 하나는 최종 소비 지점이다.

　자원을 수집하려면 초기 투자가 필요한데, 투자는 지역 당국과의 공동 투자, 기업/상호 투자 그리고/혹은 특정 펀딩이나 재생 에너지를 대상으로 하는 금융 계획을 통해 이루어질 수 있다. 그렇게 초기 인프라가 구축되면 거기에서 생성되는 자원은 우선적으로 자가 소비를 위해 사용될 수 있다. 에너지 생산에서 가장 먼저 합의되어야 하는 문제 중 하나는 초과 에너지로 무엇을 할 것인가에 대한 결정이다. 시 기관 설비와 연결된 경우에는 공동체에서 그것을 시에 되팔 수 있고 그 수익으로 초기 투자금을 환수할 수도 있으며, 이를 또 연중 자가 발전이 불충분해 소비량을 충당하지 못하는 시기에 에너지 구매 비용으로 사용할 수 있다.

이것은 표준적인 프로세스에 해당한다. 한편 보다 유동적이고 비공식적인 자원 교류를 할 수 있는 다른 방법도 있다. 그것은 공공 공간에 위치한 '터미널'을 통해 초과 에너지를 분배하는 것이다. 그러나 콜렉티브에서 터미널로 보낼 초과량을 결정할 때는 유동적 교류에 관계된 '규칙'에 대한 합의를 이루어야 한다.

열린 시스템을 만들기 위해서는 교류가 콜렉티브 멤버에 국한되지 않고 모든 사람에게 적용되어야 한다. 예컨대 공공 자전거 대여 시스템의 경우, 누구나 특정 시간 동안 자전거를 빌려 탈 수 있다. 콜렉티브 인프라에서도 이와 유사한 기술, 즉 무언가를 교류하는 모든 사람이 자원에 접근할 수 있게 하는 기술을 적용할 수 있다. 그러면 조합원, 그리고 정기적으로 상호작용하는 이들이 모두 자원에 보다 쉽고 빠르게 접근할 수 있다.

그러나 이를 금전적인 교류로 축소시키면 시스템은 오늘날 부상하고 있는 수많은 애플리케이션이나 스타트업과 그리 다르지 않게 된다. 그러면 우리는 어떻게 한 단계 더 열린 교류를 이루어낼 수 있을까?

이 글에서 제시된 인프라의 경우, 콜렉티브는 중간 매개자나 금전적 교역 없이 물건, 자원, 서비스를 교류할 수 있고, 인프라 자원을 공동체에 또 다른 형태로 기여할 수 있게 교류할 수도 있다.

자원이 시 기관 설비 바깥에서 교류될 때 콜렉티브에서는 '초과' 자원/이익을 조합에 유익하고 또 조합을 지속적으로 업그레이드하는 데 도움이 되는 서비스나 물건으로 바꿀 수 있다.

이러한 대안적 교류 형태의 한 예로 '소셜 화폐social currency'를 들 수 있다. 런던 남부의 브릭스턴 파운드Brixton Pound와 스페인 세비야 지역의 푸마Puma는 자생적으로 시작된 대안 화폐들이다. 사람들은 이 화폐로 물건이나 서비스를 교류할 수 있고 규제된 금융 교류 없이 지역 산업 세계 안에서 물품을 구매를 할 수 있다. 브릭스턴 파운드의 경우 대안 화폐로 지역 산업을 대형 프랜차이즈 업계로부터 보호하고 육성하는 것을 목적으로 한다.[14]

지역 산업계에서만 주고받는 지역 화폐(일반 파운드와 1:1로 교환)는 돈이 브릭스턴 산업 안에서만 사용된다는 것을 보장해준다. 세비야 북부 역사적 구역(카스코 노르테)에서 사용하는 푸마의 경우는 브릭스턴 파운드와는 차이가 있는데, 이것이 내가 제안하는 교류와 더 흡사하다. 지역 교류 무역 시스템Local Exchange Trading System(LETS)이라 불리는 이 통화 체계에서는 지폐나 동전을 사용하지 않는다. 사람들은 돈을 사용하지 않고 서비스, 물건, 돌봄에 대한 책임 등을 교류한다. 이들은 두 개의 디지털 플랫폼을 사용해 얼마만큼의 푸마를 가지고 있고 빚을 지고 있는지, 얼마나

14. Brixton Pound, 'What is the Brixton Pound?', http://brixtonpound.org/what, 2019.6.23 접속.

교류해야 하는지 알 수 있다.[15] 화폐의 목적 중 하나는 "지역 사람들과 그 환경을 더 잘 알기" 위한 것인데,[16] 그것은 이 같은 교류 관계를 통해 이룰 수 있다.

불확실성을 위한 디자인

어떻게 하면 불확실성을 위해 디자인할 수 있을까? 모든 도시 디자인 제안은 본질적으로 불확실한 결과를 다루기 위한 시도이다. 사람들이 공공 공간에 어떻게 개입할지, 공공 영역에서 어떻게 행동할지, 어떤 활동이 일어날지, 공공 공간이 많이 사용될지 아닐지 예측하는 것은 불가능하다. 전통적으로 도시계획에서는 대지, 건물, 공공 공간에 기능을 부여함으로써 혹은 특정한 행동을 막는 디자인 방안을 시행함으로써 불확실성에 대한 통제를 시도해왔다. 그런 사례로 특정 공간에 접근하는 것을 막기 위한 난간, 노숙자들이 바닥에서 자는 것을 막기 위한 요철, 집회를 막기 위해 벤치를 하나씩 멀리 떼어놓는 것을 들 수 있다.

공적 영역에 특정 기능을 부여하지 않으면서도 다양한 기능적 수행력을 부여할 수 있는, 불확실성에 대한 다른 접근 방식을

---

15. Red de Moneda Social Puma, 'Social Currency Puma', 스페인어-영어 번역, https://monedasocialpuma.wordpress.com/estatica/, 2019.6.23 접속.

16. Red de Moneda Social Puma, 'Objectives of Social Currency Puma', 스페인어-영어 번역, https://monedasocialpuma.wordpress.com/5-fines-de-la-moneda-social/, 2019.6.23 접속.

생각해보자. 이런 기능은 미리 결정되는 것이 아니라 공적 영역의 물리적 요소에 사람들이 어떻게 참여하는가에 따라 정해진다. 여기에는 특정한 관리 형태나 형식적 기획 정책, 그 밖의 비형식적인 거버넌스 형식들이 관여된다.[17] 이것이 바로 내가 제안하는 '불완전한'[18] 공공 공간 만들기의 내용이다. 그것은 변화하는 여건에 지속적으로 적용될 수 있고 변경과 업그레이드도 가능하다.

불확실성을 위한 디자인은 하나의 도전 과제이다. 지역 당국, 제3의 조직, 민간 클라이언트, 기획자, 건축가, 그리고 공동체까지, 어느 누구도 예측 불가능한 결과에 대해 마음이 편하지는 않다. 일반적으로 사람들은 알지 못하는 것에 대해 공포를 느낀다. 불확실성은 흔히 위험 요소로 여겨지는데, 그 어떤 도시 기획에서도 위험 요인은 완화되기 마련이다. 불확정성과 즉흥성의 여지를 남겨두면서 개입을 제안하는 도시 디자이너들이 직면하는 도전 과제가 바로 이것이다. 이런 제안들은 경우에 따라 위험 부담이 너무 크다는 이유로 혹은 통제 불능의 결과를 피하기 위해 디자인 과정에서 종종 폐기된다.

따라서 도시 디자이너들은 위험 요소와 불확정성을 어떻게 긍정적인 것으로 전환시킬 것인가 하는 핵심적 질문을 던져야 한다. 위험 요소는 완화되기보다 관리될 수 있다. 불확정성이란 최종

17. 도시를 아상블라주로 묘사할 때 콜린 맥팔레인은 "개별적 요소들의 협력적 기능에 의해 아상블라주가 정의된다"고 설명한다. McFarlane, 'The City as Assemblage', p. 653.
18. Sennett, 'The Public Realm'.

결과가 가져오는 이득 이상의 이점을 '진행 과정' 중에 만들어낼 수 있는 하나의 기회로 제시될 수 있다. 진행 과정에 사람들이 능동적으로 개입할 경우에 얻을 수 있는 무엇보다 중요한 결과는 그 자체가 주민, 지역 비즈니스 관계자, 디자이너, 기획자, 지역 당국 등 모든 관계자에게 배움의 과정이 된다는 점이다. 도시 디자이너는 이런 프로세스를 지역 당국이나 클라이언트에게 제안할 때 이러한 배움의 경험을 하나의 결과로 제시해야 한다.

이런 프로세스를 거치면서 우리는 도시 기획에 관한 사람들의 인식의 폭을 넓힐 수 있고, 사람들이 자신의 환경에 더 많이 개입하게 할 수 있다. 이 과정에서 지역 당국 역시 사람들의 요구 사항에 어떻게 대응해야 하는지 터득할 수 있다. 따라서 주민들이 참여할 수 있는 실험적 프로세스—바르셀로나나 마드리드시에서 시작된 디지털 플랫폼을 예로 들 수 있는데, 여기에서 사람들은 시 프로젝트에 대해 제안하고 코멘트하고 투표할 수 있다—는 지역 당국의 교육 프로세스와도 관계되어왔다. 건축가와 도시 기획자는 매번 공동 프로세스에 관여할 때마다 자신들의 프로젝트가 사람들의 요구에 어떻게 부응해야 하고 어떻게 하면 공공에 더 잘 개입할 수 있는지에 관한 지식을 쌓아갈 수 있다.

이런 교육적 결과에 더하여, 불확실성의 여지를 두는 열린 프로세스는 또 다른 형태의 민주주의를 실험하고 확장할 수 있는 기회가 된다. 이러한 민주주의에서는 아무것도 정해진 것이 없고 사람들이 구축 환경에 어떻게 개입하는가에 따라 모든 것이 유연하게 변화한다. 열린 프로세스에서는 지속적인 적응과 피드백, 변경이 가능하다.

여기에서 우리는 '도시 디자이너들이 이 '무질서'를 실제 어떻게 제작할 수 있을까?'라는 질문을 던져야 한다. '불확실성의 시스템'을 구축하기 위한 조건은 위에서 설명한 사회적-물질적 상호작용을 디자인하기 위한 전략에 맞추어 조정된다. 좀 더 구체적으로 말하면, 이 전략은 전체 프로세스—새로운 협의를 이끌어내기 위한 초기 개입에서부터 유동적인 교류 관계가 존재하는 시스템을 세우는 과정까지—의 일부로 작동하는데, 그것은 초기 개입을 시작하고 불확정성을 관리할 수 있는 시스템을 구축하며 예측 불가능한 미래에 적응하는 데 필요한 추가적인 단계를 작동시킨다. 본질적으로 불확정성을 위한 시스템은 유연한 인프라와 공공 공간을 구축함으로써 이루어질 수 있다.

나는 기존 인프라 시스템 위에 겹치면서 그것과 상호 작용할 수 있는 콜렉티브 인프라의 구축을 제안해왔다. 기존의 것을 대체하는 것이 아니라 쉽게 변경하고 업그레이드할 수 있는 새로운 인프라를 부분적으로 더하는 방식이다. 이 새로운 인프라 층은 '블랙박스'[19] 인프라에서 벗어나 콜렉티브와 개인이 모두 쉽게 이해할 수 있는 (변경도 가능한) 인프라로 이동한다. 공동체가 소유한 태양열

---

19. 많은 저자들이 공공에 인지되지 못하는 인프라를 설명할 때 사용하는 용어. See Graham and Thrift, 'Out of Order'; Domínguez Rubio and Fogué, 'Technifying Public Space', p. 1045.

패널 같은 콜렉티브 형태의 인프라는 사람들로 하여금 자신이 사용하고 생산할 수 있는 에너지에 대해 더 많은 자율성과 인식을 갖게 하는 것으로, 기존 인프라 시스템에 더해지는 형태이다. 이런 인프라 형태는 기존 인프라를 대대적으로 변경하지 않고도 업그레이드와 추가가 가능할 뿐만 아니라 여기에서는 새로운 형태의 콜렉티브 행동과 연합체가 이루어질 수 있다.

나는 인프라와 연관해 배치, 분해, 또 다른 방식으로의 재배치가 가능한 모듈형 플로어(바닥)의 구축을 제안해왔다. 콜렉티브 인프라에 직접 쉽게 접근할 수 있고, 사무 공간 설비와 비슷한 방식으로 된 테크니컬 플로어를 구축함으로써 모듈 형식과 유연성을 이루자는 것이다. 초기 인프라 개입으로 공동체 협의와 유동적 교류 형식을 이끌어내면 기존의 표면 위에 인프라 '카펫'을 구축하는 프로세스가 작동할 수 있다. 모듈형 표면은 기존의 표면 위에 구축되고, 이것은 비트 바이 비트bit by bit 방식으로 작동될 수 있다. 테크니컬 플로어에는 콜렉티브 인프라가 담겨 있기 때문에 파이프와 설비 시설물을 설치해도 바닥면은 단지 몇 센티미터밖에 올라가지 않는다.

나는 또한 도시 표면에 배치, 분해, 재배치할 수 있는 수직적 요소, 즉 막대(구멍과 지지면이 장착된) 형태를 제안했다. 이것은 바닥면, 배치가 쉬운 쉼터, 다양한 활동을 수용할 수 있는 모듈형 구조물 등에 플러그인 될 수 있다. 이런 요소들은 자가 조립이 가능하고 (작은 기술적 지원과 구축에 시간이 들 수 있다) 필요에 따라 쉽게 변형할 수 있다.

이 책에서 설명한 개입 방식들은 공적 영역의 시간성이라는 조건에서 가능한 것으로, 자가 관리가 가능한 장치, 구축 시스템, 설비 형태 등을 제시한다. 시간적 조건이라는 것은 앞서 유연한 시스템을 언급하는 과정에서 얘기되었다. 이를 통해 사람들은 공공 공간을 다양하게 활용할 수 있고, 그 시스템을 여러 가지 상황(날씨, 계절, 주말, 공휴일, 다양한 기간과 강도로 열리는 이벤트들)에 적용할 수 있다. 그 결과 탄생하는 열린 시스템에는 공동체 행동과 협의에 따라 여러 방향으로 성장하고 진화할 수 있는 가능성이 내재되어 있다. 자가 관리는 공동체의 결정에 따라 변경할 수 있는 초기 조건이나 '규칙'을 제시하면 가능해질 수 있다. 이러한 협의를 거치면서, 여러 가지 전략을 통해 궁극적으로 만들고자 하는 연합체나 사회관계가 촉발될 수 있다.

이 책에서 설명하는 도시 개입의 결과는 모두 예측 불가능하다. 이 같은 불확정성 때문에, 모든 진행 단계는 지속적인 피드백으로 이어져야 한다. 피드백은 '아래' 단계, '위' 단계, '단면', '프로세스'에 사용되는 각각의 전략에 뒤이어서 지속적으로 일어나야 한다.

피드백이란 인프라와 공공 공간이 각각의 상황에 맞게 적용되고 적정한 수준의 수리와 관리가 이루어지게 하는 것, 또 성장 또는 퇴보하게 하고, 새로운 요소를 더하며, 작동이 잘 되지 않는 부품을 수리, 제거, 교체하거나 업그레이드하는 것이다. 역사적으로 인프라는 중요한 단절이 일어난 이후에 향상되고 업그레이드되었다.[20] 이와 마찬가지로 이 책에서 제안한 개입 방식들은 피드백에 대응하면서 지속적으로 향상되고 적용될 수 있다.

이 글에서 설명한 전략들은 꼭 제안한 대로 실행되지 않을 수도 있다. 이것은 확실성이 아니라 가능성을 제공하기 때문이다. 피드백은 이 전략들이 그러한 협의와 긍정적 상호작용을 도출하고, 알 수 없는 상황에서 사람들이 편안함을 느낄 수 있게 하는지의 여부를 파악하기 위해, 또 이런 부분을 다시 기록해나가기 위해서도 지속적으로 필요하다.

여기에서 제안하는 유연한 시스템에서는 이 같은 지속적 피드백이 이루어질 수 있고, 마찬가지로 그 피드백에 상응하는 새로운 적응 방식과 변화를 이끌어낼 수 있다. 유연한 시스템은 사람들이 의사 결정을 하게 할 뿐만 아니라 환경을 변화시키고 돌보는 일에 직접적으로 개입할 수 있는 콜렉티브 형태의 거버넌스를 제공한다. 그리고 이 시스템에는 피드백을 수집하고 그것에 답하는 자체 메커니즘이 포함되어 있다.

피드백의 수집은 친목 모임, 회합, 그리고 마드리드에서 시행되었던 것과 같은 디지털 플랫폼을 통해 이루어질 수 있다. '디사이드 마드리드Decide Madrid'[21]와 같은 플랫폼—사람들이 제안하고 토론하면서 개선, 개입, 변화에 관한 결정을 하는 디지털 포럼—은 2015년 시정주의 이니셔티브municipalist initiatives가 투표에서 승리

---

20. Graham and Thrift, 'Out of Order'.
21. Decide Madrid, https://decide.madrid.es/, 2019.6.23 접속.

를 거둔 스페인의 여러 도시에서 운영되었다.[22] 이 플랫폼은 아직 실험 단계여서 의사 결정은 온라인 직접 투표를 통해 이루어지고 콜렉티브의 합의에 도달할 수 있는 공간도 거의 없다. 또한 이것은 마드리드 같은 대도시에서 작동하기 때문에 직접적인 민주주의 형태를 기대하기는 더욱 어렵다. 그러나 이런 플랫폼은 콜렉티브의 다른 의사 결정 형태와 함께 운영되고 또 소규모 시행 과정을 거치면서, 인프라와 공공 공간이 어떻게 지속적으로 업그레이드될 수 있을지에 관한 실시간 피드백을 제공하는 강력한 잠재력을 보유하고 있다.[23]

그 어떤 피드백이라도 이루어지게 하려면 무엇보다 자원이 투입되어야 하고, 전략에는 수행 단체나 모임들이 피드백을 받고 그에 대응하면서 지속적인 자가 관리 형태를 만들어낼 수 있는 메커니즘이 있어야 한다. 피드백을 받을 수 있는 이 디지털 플랫폼(이 플

---

22. 2019년 이 책을 마무리할 무렵 좌익 시장인 마누엘라 카르메나(Manuela Carmena)는 재선되지 않았다. 우익 연합 정부가 시의 권력을 차지한 후 이들은 카르메나가 4년 동안 진행한 일을 되돌리고자 한다. Gloria Rodríguez-Pina, '80 medidas para borrar en cuatro años el Madrid de Carmena', El País (2019.6.14), https://elpais.com/ccaa/2019/06/14/madrid/1560537366_926632.html 참고. 2019.6.23 접속.

23. See the research and proposal developed by CivicWise(코디네이터: 파스쿠알 페레즈[Pascual Pérez]) 마드리드 파르티시파랩(ParticipaLab)과 미디어랩 프라도(MediaLab Prado) 레지덴시아 해커 중 진행된 연구와 제안 참고. 여기에서는 디사이드 마드리드(Decide Madrid)라는 플랫폼에 참여하는 데 한계가 있다는 점을 제기하고 그것을 어떻게 향상시켜 참여 프로세스를 확장할 것인지를 제안한다. CivicWise, Tecnologías de la Participación, MediaLab Prado, ParticipaLab, 2016, https://residenciacivica.civicwise.org/seccion/archivo/documentos/.

랫폼은 많은 경우 오픈 소스로 개발되고 있다[24])은 피드백에 대응할 수 있는 메커니즘과 펀딩이 이루어질 수 있도록 설계되어야 한다.

도시 전략은 물리적 개입이 일어난다고 해서 끝나는 것이 아니라 미래에도 유지될 수 있는 피드백, 수리, 유지, 보수의 메커니즘이 포함되어야 한다. 이것은 지역 당국, 커뮤니티 조직, 개발자, 도시 디자이너가 고려해야 하는 사항으로, 피드백과 이에 대한 대응을 위한 메커니즘, 펀딩, 자원이 이 전략에서 핵심적인 부분이다.

이 글에서는 공공 공간과 그 인프라를 어떻게 열린 시스템으로 구축하는가를 설명하면서, 협상과 새로운 형태의 협의체를 이끌어내는 초기 개입을 통해 닫힌 시스템을 열 수 있고 '유동적인 교류 관계'로 발전시킬 수 있는 힘이 있다는 점을 강조했다. 이러한 사회적-물질적 관계는 불확정성을 관리할 수 있고, 또 피드백에 따라서 새로운 부품을 더하거나 교체할 수 있는, 각기 다른 조각들의 합으로 구성된 시스템을 만들어낼 수 있다. 비정형적인 정주의 상태informal settlements—여러 가지 미립자로 구성된 물질로 만들어진 유기적 구조—에는 지속적인 변화 상태를 유지할 수 있는 힘이 있다. 미립자로 구성된 물질과 구축물은 다른 요소에 적응되기도 하고 다른 요소로 교체될 수도 있다. 이 미립자 구조 만들기를 통해 이 글에서 제시한 인프라의 조각들, 도로 포장 시스템, 구조, 쉼

---

24. 디사이드 마드리드에서 사용한 오픈소스인 컨설(CONSUL) 참고. https://github.com/consul/consul.

터 등과 관련한 교훈을 얻을 수 있다.[25]

앞서 언급했듯이, 여기서 제안한 시스템에는 자가 관리를 위한 메커니즘이 포함되는데, 이것은 '유동적 교류 관계', 조각들을 더하고 교체할 수 있는 가능성에 기반한 것이다. 「아래」, 「위」, 「단면의 무질서」 각 장에서는 바로 이러한 조각들에 대해 설명했다—테크니컬 플로어, 터미널, 모듈형 표면, 표면에 플러그인할 수 있는 수직적 요소들, 그 밖에 지속적으로 더하고 업그레이드할 수 있는 구성 요소들이 여기에 포함된다. 「과정과 흐름」 장에서는 이 구성 요소들이 어떻게 사회적-물질적 상호작용을 야기하고 불확정성을 관리할 수 있는 시스템을 만들어내는가에 대해 논의했다. 이때 자가 관리란 이후에 어떠한 개입도 필요하지 않다는 의미가 아니다. 오히려 정반대이다. 인프라와 공공 공간을 열린 시스템으로 만드는 과정에서는 그 시스템이 지속적인 흐름 상태에 있어야 한다는 점을 고려해야 한다. 아울러 수집된 피드백에 따라 새로운 아상블라주를 창조하고 공공 공간을 업그레이드시키면서 새로운 요소를 더할 수 있는 메커니즘과 자원을 구축해야 한다는 점도 염두에 두어야 한다.

인프라와 공공 공간을 계속 작동시켜 이것을 닫힌 시스템이

---

25. [옮긴이] 정형화된 정주와 달리 비정형의 정주 형태는 유연성을 가지는데, 이러한 변화 가능성은 내부의 요소들이 각각의 특질을 보존하면서 모여 있는 콜렉티브 상태를 전제로 한다. 이 글에서 센드라가 제안한 모듈 시스템 기반의 인프라는 이러한 콜렉티브적인 물질적, 구조적 특성을 가지고 있어서 지속적인 변화 상태를 유지하는 데 유리하다.

되지 않게 하기 위해서는 프로세스의 다른 단계들이 지속적으로 반복되어야 한다. 이 장의 첫 부분에서 설명했듯이, 여기에서 제안한 일련의 전략은 선형적인 과정이 아니라 비선형적 프로세스이기 때문에 여러 다른 단계가 중첩될 수 있고 동시에 발생할 수도 있으며, 상황에 따라 어떤 부분들은 건너뛰거나 교차·교환될 수도 있고, 이전 단계로 돌아가거나 여러 단계가 계속 반복될 수도 있다. 무질서의 인프라는 열린 시스템으로 작동하기 때문에 이들은 평형 상태에 도달할 수 없다.

3부
언메이킹과 메이킹

파블로 센드라, 리처드 세넷 (진행: 리오 홀리스)

리오 홀리스(이하: 홀리스): 저는 50년 전에 출판된 『무질서의 효용』의 정치적, 사회적 맥락을 생각해 보고 있습니다. 그 책은 마치 변화의 순간에 등장한 것처럼 보이는데, 당시는 한편으로는 혁명의 순간이었고 다른 한편으로는 신자유주의 시대의 서막이었습니다. 이 책이 이런 관계 속에 어떻게 위치할 수 있을까요? 그렇다면 50년이 지난 현재 이것이 어떻게 다시 의미 있는 논제가 될 수 있을까요?

리처드 세넷(이하: 세넷): 1960년대 말에는 지역적인 것들이 대부분 국가 금융과 국가 건설 업체들에 잠식되었습니다. 그 후 50년 동안 지역 개발은 글로벌 기업들에게 주도권이 넘어갔죠. 지금 도시 프로젝트의 자금은 대부분 월스트리트의 작동으로 이루어지고 투자자들은 전 세계에서 모여듭니다.

지금까지 지속되는 부분은 도시를 상품화하는 자본의 욕망인데, 그것은 과정이 아니라 패키지로 이해되고 판매될 수 있습니다. 그 결과 개발자들은 설계 명세서를 구매하고 거래하지요. 자본주의에서는 장소에 대한 투자에 관심이 없습니다.

그래서 스케일이 변했습니다. 도시주의urbanism는 국가적 차원에서나 글로벌 차원에서 모두 독점

자본을 행사하는 것이 되었습니다.

파블로 센드라(이하: 센드라): 저는 여기에서 두 개의 평행선을 보게 됩니다. 하나는 정치적, 사회적 운동에서 나온 것이고, 다른 하나는 도시 재생 과정에서 나온 것입니다. 사회운동 관련한 문제에서는 신좌파에서 일어난 현상, 68 이후의 사회운동, 글로벌 금융 위기 이후에 일어난 일들과 사회운동(스페인의 15-M, 그 외 유럽과 미국에서 일어난 운동들) 사이에 어떤 유사성이 나타납니다. 그 후 일부 사회운동이 정치화되었는데, 제가 책에서 언급한 바르셀로나 엔 코무 같은 여러 정치 운동이 그런 경우에 해당합니다.

그리고 1960-70년대 도시 재생의 맥락에서 제인 제이콥스나 리처드 세넷 같은 저자들이, 도시 재생 과정에서 질서를 부여하면서 도시 정신이 어떻게 사라졌는가에 대해 논의했지요. 이때 모더니즘 도시 디자인은 도시에서 무질서를 제거하고, 도시의 모든 부분이 계획대로 작동하는 기계처럼 만드는 것을 목표로 했었습니다.

오늘날 도시 기획에서 부여하는 질서는 다릅니다. 그것은 세넷이 말하는 것과 관계 있죠. 도시 재생 과정은 글로벌 금융 투자자들에게 영향을 받습니다. 결과적으로 사회주택이 철거되고 그곳에 거주하던 사람들은 장소를 상실하는 반면 중산층과 상류층을 위한 호화 주택 개발이 이루어지는 광경을 목격하고 있습니다. 한편 글로벌 투자자들은 수많은 집을 구입하고 있습니다.

세넷: 제가 50년 전 책을 쓸 당시, 사람들은 모더니즘 건축이 글로벌 경제 헤게모니에 저항하는 방법이라는 바우하우스적 신념에 기반해 여전히 모더니즘 건축에 대한 믿음을 가지고 있었습니다. 발터 그로피우스Walter Gropius의 건물을 짓는다고 하면 공장을 인간적인 공간으로 개조한다는 의미였죠.

1960년대 말, 제가 하버드에서 도시학을 공부할 당시까지도 형식의 순수성이 이 같은 정치적 영향력을 행사하는 것으로 여겨졌습니다…. 지금은 더는 그런 믿음을 갖고 있지 않지요. 그 후에는 모더니즘 프로젝트에 대해 점점 더 많은 의문이 생겨났고, 바로 그 점이 우려되었습니다. 모더니즘 프로젝트는 실험에 대한 신념 측면에서 실패했습니다. 따라서 현재 이 책의 목적은 훨씬 더 실험적인 도시, 형식적으로 지상에서 다양한 실험을 허용하는 도시를 개발하기 위한 것입니다.

홀리스: 『무질서의 효용』은 기획, 디자인, 도시 형태 사이의 관계에 대한 물음을 제기했던 여러 사상가의 생각과 궤를 같이 합니다. 그리고 이 책에서 당신은 제인 제이콥스와 오스카 뉴먼을 언급하고 있습니다. 이때는 깨진 창문 이론broken windows theory[1]이 나왔던 시기이기도 합니다. 당시에는 모두 건축이 어떤 영향력이 있다고 보았고, 정치적, 사회적 의미를 반영하면서도 각기 다른 결과로 나타난다고 생각했습니다. 그렇다면 이 관계의 핵심에 자리하는 것은 무엇일까요?

세넷: 오스카 뉴먼은 제이콥스 생각의 어두운 이면입니다. 둘 다 감시 체제를 믿었습니다. 제이콥스가 말하는 '거리의 눈eyes on the street' 개념은 감시 체제를 가리킵니다. 제이콥스의 작업에 놀라움을 금치 못하기도 하지만 그만큼 거리를 감시 활동화하는 시각은 대단히 불편합니다.

---

1. [옮긴이] 1982년 사회학자 제임스 Q. 윌슨(James Q. Wilson)과 조지 L. 켈링(George L. Kelling)이 제기한 이론으로, 깨진 유리창 하나를 방치해두면 그 지점을 중심으로 범죄가 확산되기 시작한다는 논리.

도시에 사는 축복은 적합한 행동의 문화를 의미하는 '노모스nomos'의 통제로부터 자유롭다는 것입니다. 저는 거리에서 통제의 눈보다 마음대로 움직이는 사람을 더 많이 봅니다. 집합체에 대한 매우 다른 경험의 지점이지요. 즉 전자는 질서이고 후자는 모임입니다.

내 책이 가진 고유한 특징이 있다면, 사람들이 아무리 무질서하게 모여 있더라도 그들이 모이는 것을 제안했다는 점입니다. 이 제안은 보들레르Charles Baudelaire의 파리의 밤거리 여행과 발터 벤야민Walter Benjamin의 모스크바 탐구에서 기원을 찾을 수 있습니다. 질서 만들기와 모임은 모두 지역적이고 물리적이고 대면적이지만 시각적 관측의 체제는 매우 다릅니다.

홀리스: 그것이 물리적 장소로서의 도시를 뜻하는 '빌ville'과 일단의 실천으로서의 도시를 의미하는 '시테cité' 사이에서 어떻게 적절한 자리를 잡을 수 있을까요?

세넷: 여기에서는 구축된 물리적 환경과 사람들이 거주하는 방식이라는 것으로 구분해 이야기할 수

있습니다. 제이콥스와 1960년대 급진적 기획자들에게 이 개념은 도시계획자들이 생각하는 '빌'에서 사람들을 해방시켜야 한다는 것이었습니다. 짓기 building는 거주하기dwelling로 이어져야 합니다. 물론 사회학적으로 보면 이것은 대단히 순진한 생각입니다. 당시에도, 지금과 마찬가지로, 사람들이 가장 선호하는 주거지는 외부인 출입 제한 주택지였습니다. 그 핵심은 차이/다름으로부터 거리를 두는 것입니다. 반면, 정확히 말해 도시가 **해야** 하는 일은 충돌이 있더라도 차이/다름을 한데 어우러지게 하는 것입니다.

수십 년 동안 유엔에서 일하면서 가장 슬펐던 일은 중국, 인도 일부 지역, 중동 지역에서 사람들이 돈을 쥐게 되면 가장 먼저 누구를 배제할 수 있을까 하는 배제의 충동이 든다는 것이었습니다.

센드라: 당신의 책을 읽었을 때, 저는 공공 공간의 사용을 제한하고자 했던 뉴먼이나 콜먼의 접근과 달랐다는 점에서 특히 혁신적이었다고 생각했습니다. 그들의 접근은 해로운 행동을 미연에 막는 방식을 마련하고 그런 행동을 없애는 데 초점을 맞추었죠. 반면 당신의 접근은 정반대였습니다. 그런 행

동에 대해 문을 열고 사람들이 외부 세계에 접근하는 방식을 변화시키는 것, 알지 못하는 것에 직면하게 돕는 방식이었지요. 저는 거기에서 영감을 받아 지금 하고 있는 드로잉을 시작하게 되었습니다. 그리고 우리가 드로잉을 하고 도시 디자인을 상상할 때 어떻게 하면 예측 불가능한 상호작용을 허용하고 또 사람들이 알지 못하는 것에 대한 공포를 극복하는 데 도움이 되는 디자인을 할 수 있을지 생각하기 시작했습니다.

세넷: 1960년대는 인종 폭동이 일어났던 시기였고—비록 십만 명의 경찰로도 인종 차별의 문제를 잠재우지 못하지만—그것이 기획자들의 마음속에 자리하고 있었다는 점을 기억하시기 바랍니다. 그리고 다시 현재에 이르기까지, 프랑스 노란 조끼 운동Gilets Jaunes movement으로 인해 같은 양상이 되살아나고 있습니다. 몇몇 이와 같은 류의 얘기를 듣고 있습니다. 자신이 속하지 않은 곳에 있으면 폭력적인 결과가 불가피하기 때문에 그런 장소에는 사람들이 아주 많지는 않습니다. 대신 그런 상황에는 이면의 공포가 항상 자리하고 있지요.

　『무질서의 효용』에서는 그 공포를 없애고 실제

로 더 많은 상호작용과 대면이 있다면 폭력적인 반응과 과도한 대응이 적어질 것이라고 말하고 싶었습니다. 마크롱Emmanuel Macron 대통령이 실제 파리 거리로 내려간다면 분명히 그런 식으로 쓰레기통을 던지는 사람은 없을 것이라고 봅니다.

그 책을 쓸 당시 제 마음속에는 매우 구체적인 생각이 있었습니다. 1960년대 뉴욕 시장이었던 존 린드제이와 함께 잠시 일한 적이 있었습니다. 그 모든 폭력이 일어나던 시대였죠. 이따금씩 인종 폭동이 일어날 때 린드제이는 할렘을 찾았고 저는 그를 따라다녔습니다. 그는 이렇게 말하곤 했죠. "제가 여러분의 시장입니다. 저에게 얘기하십시오!" 그러면 예상하다시피 사람들이 그를 향해 소리치기 시작했습니다. 하지만 그들이 시장을 죽이지는 않았죠. 이해가 되나요? 그들은 목소리를 내고 싶어 했던 것이고 그는 경청했습니다.

그는 매우 용감했죠. 하지만 결과적인 반응을 보면 어느 누구도 그에게 토마토를 던지려 하지 않았습니다. 그 점에서 그는 대단히 지중해적인 일을 했다고 볼 수 있습니다—말을 할 때 그는 언제나 사람들의 팔뚝을 손으로 잡습니다. 전혀 앵글로색슨 미국인답지 않은 행동이죠. 뉴욕 시장이 신체 접촉을 했다는 것이 사람들에게는 놀라운 일로 다가왔습니다. 그 모든 작은 제스처가 실제로 큰 차이를 만들어냈습니다.

홀리스: 네. 그 작은 제스처들을 커다란 맥락으로 옮기는 과정으로 보입니다. 그것이 바로 우리가 여기에서 다루어야 할 일 중에 하나인 것 같습니다.

세넷: 맞습니다.

홀리스: 그러면 '빌'과 '시테' 사이의 이런 관계를 열린 도시와 복합 도시라는 개념에 대입할 수 있을까요? 한 단계 더 과학적인 언어 선택으로 가는 것처럼 보이는데, 이것이 기획된 것과 기획되지 않은 것 사이, 다시 말해 도시 삶에서 좀 더 유기적인 측면을 반영하는 것일까요?

센드라: 이것이 '시테'와 '빌' 사이의 핵심적인 관계 중 하나입니다. 다른 저자들은 이런 디자인을 하면 이런 결과가 나올 것이라고 말하지만, 그와 달리 이 책에서 우리는 형식적인 기획이 하는 일과 풀뿌리에서 일어나는 일 사이의 상호관계성을 탐구하는

접근 방법을 택했습니다. 바로 이 형식적인 것과 비형식적인 것 사이의 관계에서 알 수 없는 것에 대한 사람들의 태도를 변화시킬 수 있는 기회의 창이 열립니다. 나아가 실제 그러한 관계를 디자인할 수도 있습니다.

세넷: 무언가를 열기 위해서는 일관성을 유지하려 하거나 형식이 닫히는 시스템에 개입해야 합니다. 대상을 열기 위해서는 도시의 DNA가 예상하지 못한 다른 방식으로 진화하거나 모호한 결과를 생산할 수 있어야 합니다. 런던의 사례로는 200년 동안 형태상의 변화를 거듭해온 피카딜리 서커스를 들 수 있습니다. 그곳의 DNA는 여러 용도로 사용될 수 있는 불규칙한 모퉁이들입니다. 그리고 바로 그 점에서 이 책은 정말 실험적인 것이죠. 사람들은 비결정성을 다루는 힘을 가져야 합니다. 디자인적인 관점에서 볼 때 개입은 그 자체의 진화를 허용하는 만들기의 형식에 관한 것입니다.

센드라: 그렇습니다. 닫힌 시스템에 개입하는 것에 관해 구체적으로 설명하고 제안해 어느 정도 문을 열 수 있게 하는 것입니다.

홀리스: 개입과 일이 일어나게 하는 것 사이의 핵심적인 차이는 바로 이 실험이라는 아이디어입니다. 건축가-기획자는 무언가 일이 일어나게끔 도시에 행위를 가하고 있습니다. 그래서 그 사람/그 팀은 어떤 면에서는 정치적이어야 합니다. 그렇다면 건축가, 행동주의-건축가의 입장에서 볼 때 그것은 무엇을 의미할까요?

센드라: 행동주의-건축가 또는 행동주의-기획자는 많은 요소에 의존하기 때문에 매우 복합적이고 유동적인 역할을 맡습니다. 만약 아주 확정적인 아이디어를 가지고 공동체에 접근하면 부정적인 반응을 얻게 될 것입니다. 따라서 함께 일하는 이들과 관계를 맺어야 합니다. 그리고 그 관계는 많은 것에 따라 달라집니다. 공동체에서 당신을 자신들이 시작한 일을 발전시켜줄 건축가-기획자로 보고 일을 요청하는지, 아니면 지역 당국에서 참여 프로세스를 진행해주기를 요청하는지에 따라 달라지지요. 이렇게 여건에 따라 주민들과의 상호 개입은 다른 지점에서 출발합니다. 두 경우 모두 주민과의 관계를 발전시키고 그들과 함께 작업하는 방식을 익혀가야 합니다.

홀리스: 문제가 발생하는 것은 이들—건축가, 그리고 때로 기획가도 포함해서—의 작업이 완료된 결과물로 제공되거나 판매될 때 시점인가요?

센드라: 그렇습니다. 공동 디자인을 진행할 때는 공동체가 요구했든지 지역 당국이 요청했든지 관계없이, 어떤 형태의 행동주의-기획자라 할지라도 아주 열려 있어야 합니다. 그리고 그들에게 귀를 기울인 후에 제안서를 만들어야 합니다. 이에 더해, 공동체와 제안서 작업을 할 때는 유연성이 많아야 합니다.

제 연구와 강의에는 행동주의와의 또 다른 관계가 흐르고 있는데, 그것은 전혀 다른 것입니다. 그것은 연구와 강의를 통해 함께 작업하는 공동체에 도움이 될 수 있는 지식을 생산하는 일입니다. 그 경우 공동체에서 당신을 협력자로 생각하기 때문에 훨씬 더 정치적인 참여가 되고 행동주의-건축가-기획자로서 맡는 역할도 한층 더 복합적인 것이 됩니다.

세넷: 글쎄요. 이 문제에 대해 저는 조금 다른 입장입니다. 행동주의-기획자는 시민 사회와 국가를 매

개한다고 생각합니다. 기획자는 시민 사회가 원하거나 필요로 하는 것을 윤리의 문제 그리고 국가 권력과 연결시키려고 합니다.

제가 직접 수행했던 기획 작업에서 저는 당신이 설명한 것과는 다소 다른 방식으로 일했습니다. 아마 제 작업이 먼저이고 당신의 작업이 그 이후겠지요. 저는 진심으로 어떤 형태의 협력생산 coproduction을 믿습니다. 다른 예를 들자면 레바논에서 학교를 건립할 때, 대안적인 학교 건립의 가능성을 제시하는 나 같은 사람들의 역할을 알게 되었고, 여러 가지 형태에 내재한 장점과 단점을 이해하게 되었습니다. 그 프로젝트는 내전 끝 무렵에 진행되어서 저와 함께 작업하던 사람들은 트라우마가 있었습니다. 우리는 그들에게 대안을 열어준 다음에 사라져야 했습니다. 결정은 공동체와 학부모들이 내려야 했던 것이죠.

지금 보면 규모도 매우 작고 자원도 적은 학교들이어서 그런 결정을 비교적 쉽게 내릴 수가 있었는데, 이런 방식은 제가 개입해왔던 다른 기획 프로젝트에도 통용된다고 생각합니다. 핵심은, 사람들에게는 대안을 찾을 수 있는 전문성이 없다는 것, 그래서 무엇이 가능한지 알지 못하고 자꾸 익숙한

것으로 돌아가고 만다는 것입니다. 건축가-기획자
는 사람들에게 어떤 실험 작업을 열어줄 수 있는
지, 어떤 가능성들이 있는지를 보여주어야 합니다.

출구가 정말 중요합니다. 그 지점에서는 '이것
을 선택해야 한다'는 말을 하고 안 하고가 더는 건
축가-기획자의 문제가 아닌 것이죠. 그렇게 되면 민
주적이지도 않고 협력생산도 아니게 됩니다.

센드라: 제 생각도 매우 비슷합니다. 최근에 지역
당국과 관여했던 프로젝트에서 저는 주민들, 지역
사업가들과 미팅을 하고 그들의 제안에 대해 논의
하고 피드백을 준 다음, 제안서를 재작성하고 그것
으로 마무리를 지었습니다. 비슷한 접근이라고 생
각합니다.

세넷: 그렇습니다. 제 말이 바로 그것입니다. 그러나
제 의견과 다른 부분은 기획자가 자신의 역할을 정
치적 활동가와 혼동한다는 점입니다. 우리에게는
이러한 상황에 쏠 수 있는 다른 형태의 기술이
있습니다.

센드라: 경우에 따라 다르겠지요. 지역 당국에 고용

된 경우라면 매개의 한 부분이 될 수 있습니다. 그러나 예를 들어 사회주택 단지 철거에 저항하는 공동체 그룹이 있다고 할 때, 그들에게 고용되어서 지역 당국에 제시할 수 있는 뭔가 다른 방식, 즉 경제적으로도 가능하고 친환경적이고 지속 가능한 대안을 도출해야 한다면, 그때 당신의 프로젝트는 행동주의 행위가 됩니다.

기획자, 건축가로서 당신은 지역 공동체가 어떤 사안에 이의를 제기할 수 있도록—무언가를 거부하는 것뿐만 아니라 대안을 제시할 수 있도록—도움을 줄 수 있는 기술을 사용합니다. 활동가들은 모든 일에 반대하는 사람들이라는 이미지가 있어서 때로는 위원회에서 불만이 제기되기도 합니다. 그러나 기획자와 활동가들의 동맹은 정반대로 매우 긍정적입니다. 활동가들은 많은 경우 가능성과 대안에 열려 있습니다.

세넷: 기획 당국, 특히 영국 당국과 일할 때는 관료들의 부패(모든 사람이 부패한 것은 아니지만)를 종종 경험하게 됩니다. 듣기는 하지만 반응하지 않는 점에서 약간 테레사 메이Theresa May와 비슷합니다. 그런 경우에는 협력생산 기획과는 다른 유형의 정

치가 필요합니다. 정당에 여러분의 목소리가 확실히 전달될 수 있게 하는 변호사 같은 사람들이 필요할 것입니다. 기본 전제는 사람들이 부패했기 때문입니다. 그들은 그냥 듣지 않습니다. 자아(에고)의 문제와 연관되는 부분이기도 합니다. 그들은 대안을 단순한 저항으로 받아들입니다.

델리에서 이른바 슬럼 지역 개발에 저항하는 프로젝트를 진행할 때 우리 팀에서는 여러 가지 다른 방식을 보게 되었습니다. 하지만 델리에서는 어느 누구도 듣지 않습니다. 법정으로 갈 문제를 제기하는 사람들의 말만 듣죠. 기득권층의 관심사가 매우 많기 때문에 델리의 도시계획법을 많이 아는 사람들만 진정으로 효과적인 목소리를 낼 수 있었습니다. 그렇기 때문에 저는 우리 기획자들이 매개자이지, 빈곤한 공동체에서 필요로 하는 동맹자만은 아니라고 하는 것입니다. 협력생산은 정교한 작업입니다. 그리고 정교한 작업이 중요하긴 하지만 그 자체만으로는 부족합니다. 우리는 우리 자신에 대해 또 우리가 할 수 없는 일에 대해서도 어느 정도 겸손해야 합니다.

홀리스: 지금 얘기하시는 사례들은 위기에 처한 장

소에서 발생한 것이어서, 함께 프로젝트를 해야 하는 내재된 공동체가 있는 경우인데요. 그렇다면 내재된 공동체가 없는 경우는 어떤가요? 예컨대 킹스크로스나 홀로웨이 프리즌Holloway Prison처럼 앞으로 **무엇이** 될지 알 수 없는 곳 말입니다.

세넷: 처음부터 복합성 속에서 구축해갈 수 있는 방법들이 있습니다. 지금까지 이루어졌던 일들을 킹스 크로스에서 하지는 않겠지만요. 킹스 크로스에서 이루어진 기획들은 완전히 스펙터클한 장소, 사람들의 주목을 받는 공간으로 만드는 것이었죠. 센트럴 세인트 마틴스 예술 학교 단지를 킹스 크로스 전역에 배치할 수도 있었을 것이고, 실제 개발 중에 일부 산업적 기능을 유지했을 수도 있었을 것입니다. 그러나 현재 킹스 크로스는 기본적으로 영예로운 쇼핑몰이 되었습니다.

처음부터 복합성을 만들어내는 것이 어려운 과제입니다. 이미 존재하는 망 구조에서는 복합성을 키워갈 수 있지만 새로운 망에서는 어떤 다양성의 DNA가 생성될지 생각해야 합니다.

센드라: 하지만 백지 상태에서 만들어지는 도시를

찾아보기는 어렵습니다. 경우에 따라서는, 특히 개발자의 입장에서 이전에 아무것도 없던 곳에 자신들이 무언가를 지었다고 말하기도 합니다. 그러나 런던에서는 언제나 어디에나 무언가가 있습니다. 제 말은, 예로 들었던 킹스 크로스나 홀로웨이 프리즌에 관해 생각해보면, 그 주변에 공동체가 [킹스 크로스의 경우에는 산업도] 존재한다는 것입니다.

세넷: 일명 올림픽 공원이라고 하는 곳도 같은 경우죠. 당시에는 '아무것도 아닌 곳$_{nowhere}$'으로 여겨졌지만 지금은 그 주변에서 수많은 '곳$_{where}$', 풍부한 거주의 망을 발견하게 됩니다.

홀리스: 인프라의 문제, 특히 무질서를 위한 반反직관적인 인프라 개념으로 넘어갈까요? 사람들은 인프라를 통해 질서가 잡히기를 기대하지만, 실제로 네트워크는 그와 정반대의 목적으로 개발되고 있습니다.

센드라: 이 책의 서두에서 제가 명확히 했던 것 중에 하나는, 무질서를 디자인한다라고 했을 때 그것이 포스트모더니즘적인 디자인 접근이 아니라는

점입니다. 모더니즘에 대한 반동으로 나타난 무질서적인 형태, 그것은 이 책에서 말하는 것이 아닙니다. 우리는 대단히 질서 잡힌 것으로 보일 수 있는 공공 공간의 인프라 구축에 관해 이야기를 하고 있습니다. 그들이 일으키는 문제, 그것이 바로 무질서입니다.

그래서 이때 제가 제안하는 것은, 사람들이 여러 방식을 통해 더 많은 것을 인식하게 하는 그런 인프라입니다. 그중 하나는 지면에 인프라를 어떻게 시각화하는가—수도관이 어디에 있고 전기 파이프가 어디에 있는지 가시화하는 것—하는 문제입니다. 그리고 또 다른 방식은 공유적이고 콜렉티브의 것이면서 또 다른 종류의 협의를 야기할 수 있는 인프라입니다. 그리고 그런 사례들이 이미 런던에서 나타나고 있습니다.

예를 들어 브릭스턴[브릭스턴 에너지]에서 나타났던 콜렉티브 태양열 에너지 같은 경우는 콜렉티브 형태의 인프라입니다. 소규모 투자자들의 크라우드 펀딩이나 지원으로 이루어진 것들이지요. 이들은 공동체 내에 새로운 관계를 생성할 수 있는 협동적 인프라를 가지고 있습니다. 에너지를 기관 설비로 되팔건 아니면 그 땅에서 일어나는 다른 일들을 위해 보존하건, 에너지가 어떻게 사용되는지 들여다보면 이러한 논의는 일종의 협의를 낳게 됩니다.

그것은 규모를 키우는 문제가 아니라 재생산의 문제라고 볼 수 있습니다. 그래서 이 무질서를 위한 인프라는 제각기 다른 규모로 나타납니다. 예컨대 사람들이 공유하는 수돗물 같은 단 하나의 터미널이 있을 수도 있고 이보다 훨씬 더 야심찬 것들이 있을 수도 있습니다.

세넷: 이것에 관해 저는 또 다른 생각을 가지고 있었고 그것으로 무엇을 할 수 있을지 여전히 궁금합니다. 음악에서 테마와 변주곡 사이의 관계를 보면 거기에는 무질서가 존재하지만 원곡에서 나온 몇몇 요소를 담고 있고 바로 그 부분을 확대시킵니다. 그렇게 테마와 변주곡은 무질서를 만드는 하나의 방식이 됩니다.

또 다른 방법은 하비 몰로치Harvey Molotch가 유형-형식type-form이라고 부른 것입니다. 일례로 우리는 컵이 무엇인지, 거기에는 손잡이가 있어야 하고 액체를 담을 수 있어야 한다는 것을 알고 있습니다. 그러나 유형-형식 그 자체는 무한히 많은 형태를 취할 수 있습니다. 그리고 저에게 그것은 테마이기도 하고 변주곡이기도 합니다. 유형-형식들은 당신이 생각하는 인프라의 개념 속에 담겨 있습니다.

홀리스: 테마와 변주곡의 진행 프로세스에 대해 생각해볼 때, 그 곡의 주인은 누구이고 또 그것은 어떻게 변화하는 것일까요?

센드라: 그 점에 대해 책에서 조금 돌아보긴 했지만 생각을 확장시키는 것도 의미가 있을 것 같습니다. 이것은 프로세스가 어떻게 시작되느냐에 관한 문제이기도 합니다. 한 그룹의 사람들이 하나의 인프라를 소유하고 있다고 할 때, 그 사람들은 인프라를 어느 정도 오픈할 수도 있고 해당 집단 밖에서 사람들과 다른 배열을 만들어 사용할 수도 있습니다.

그래서 드로잉을 할 때 저는 이 터미널이 어떤 모양이 될지 상상하면서 고려하려고 했습니다. 어떤 공동체에서는 에너지 과잉 생산이 있을 수 있습니다. 그러면 이들은 다른 부문에서 과잉 생산이 있는 공동체와 협상을 맺을 수가 있습니다.

세넷: 음, 그것은 시장 교환이네요.

센드라: 하지만 콜렉티브적인 것이 될수록 소유권 문제는 다소 흐려집니다. 콜렉티브 소유권은 인프라—혹은 주택 같은 경우—를 상품으로 다루지 않습니다. 제가 연구하고 있는 런던의 공동체인 웨스트민스터 월터튼 앤 엘긴 에스테이트에서는 1990년대 초에 자신들의 주택 자산을 위원회에서 공동체 소유권으로 가져왔습니다. 근 30년간의 생존 기간을 보면 그 공동체 소유권은 결과적으로 성공적이었던 것으로 드러났죠.

홀리스: 그곳은 어떻게 변화하고 있나요? 이 경우에 공동체라는 단어는 힘을 주기도 하지만 그만큼 위험하기도 합니다. 공동체에는 언제나 외부에 있는 사람들, 즉 공동체에서 배제된 사람들이 있습니다. 그 공동체는 어떻게 계속해서 적응되고 또 배제적이지 않을 수 있는 것인가요?

세넷: 우리는 한 번에 여러 공동체에 속할 수 있습니다. 저는 어떤 관계에서건 대면 공동체를 중요하게 생각합니다. 컴퓨터 모니터가 거리를 대체하지

는 않을 것입니다. 우리는 피 흘리는 괴로움과 모호함, 감성의 무질서—그것은 감성을 자극하기도 하지요—와 함께 가슴을 울리는 것, 신체적인 것을 필요로 하기 때문입니다.

어젯밤 저는 콘서트에서 앞으로 절대 다시 만나지 않을 사람들과 놀았습니다. 알다시피 그들은 제가 가진 또 다른 공동체의 일부입니다. 멋진 일입니다. 우리가 원하는 게 그것이죠. 적어도 1970년대 미국에서 나타난 하위 문화가 지녔던 지역성에 국한된 포용성은 아주 안타까운 실수입니다. 면대면은 지역적인 것을 의미하지 않습니다.

현대 사회에서 사람들은 복합적인 상황을 이겨낼 수 있는 능력이 있다는 느낌을 잃어가고 있습니다. 일종의 환원주의적인 이데올로기가 있습니다. 적응이 안 됩니다. 더 개인적이고 더 특정적이고, 예전처럼, 더 **뉴요커적**으로 되어야만 합니다. 이래서는 결코 복합성의 문제를 감당하지 못합니다. 또한 매우 실용적인 이유에서 사람들은 공동체에서 벗어나길 원하기도 합니다. 만약 런던에 사는 이란인 이민자라면 (그 공동체를) 벗어나는 것에 생존이 달려 있고… 그 사람은 익숙하지 않은 상황을 감당해야 합니다. 우리는 적대적인 영토에서 문제를 마주하고 있습니다. 공동체의 영토가 아닙니다.

홀리스: 지금까지 도시 문제를 다루기에 가족은 너무 작고 대신 공동체에 잠재적으로 이점이 있다는 점을 강조했는데, 여기에도 한계는 있습니다. 그래서 우리가 살아가는 물리적 공간으로서의 도시와 그 공간에서 삶을 어떻게 헤쳐 나가는가 하는 관점에서 도시-만들기를 생각해볼 때, 반드시 우리는 규모의 문제로 돌아가야 할 것입니다.

세넷: 그렇습니다. 바로 그것 때문에 벤야민이 대단히 흥미로운 것입니다. 그는 삶이 동시에 두 가지 규모에서 이루어진다고 보았습니다. 하나는 매우 보호적이고 내적인 것이고, 다른 하나는 아주 많은 노출이 이루어지는 상대적으로 큰 단위에서 만들어지는 것입니다. 삶이 가족 규모의 내적 공동체에서만 이루어진다면 우리 자신에게 해로울 것입니다. 우리는 자신의 정체성을 하나 이상의 것, 부분적이고 변화하는 것으로 사고해야 합니다.

센드라: 이 책[『무질서의 효용』]에서 당신은 무질서를 사용하는 두 가지 방법을 이야기하고 있습니다.

하나는 가족 단위를 확장시켜 알 수 없고 예측 불가능한 상호작용에 노출시키는 것이고, 다른 하나는 도시가 부여해야 하는 고독할 권리입니다. 그래서 어떤 점에서 보면 제가 제안하는 인프라는 첫 번째 방법에 대한 해결책을 제시하는 것으로 볼 수 있습니다. 가족이라는 서클을 보다 협력적이고 콜렉티브적인 다른 형태로 연장 또는 확장하는 방법에 관한 것이지요.

가족 서클을 더 큰 콜렉티브로 확장하는 이 과정 역시 사회적 인프라를 통해 일어납니다. 이를테면 사람들이 돌봄 관계와 서로에 대한 책임을 발전시킬 때 이러한 확장이 가능해집니다. 이것은 당신이 '베버리지 이후의 복지Welfare after Beveridge'[2]라는 강연에서 알코올 중독자 갱생회[3] 사례를 통해 설명한 것, 즉 동등한 관계에서 일어나는 상호 지원에 관한 것입니다. 부유한 계층이 빈곤층에 도움을 주는 것이 아니라 주변 사람들에 대한 대등한 돌봄 지원과 책임의 문제이지요. 이러한 사회적 인프라

---

2. [옮긴이] 1942년 윌리엄 베버리지가 발간한 '베버리지 리포트'에서는 국가가 자금을 지원하는 보편적 사회보험체계를 제안.

3. [옮긴이] Alcoholics Anonymous, 1935년 미국 오하이오주에서 결성된 알코올 중독자 재활을 위한 조직.

는 이 책에서 제가 제안한 물리적 인프라와 연관되어 있습니다.

위로부터의 복지 지원이 건강이나 주택 문제 같은 기본권의 평등을 보장하는 데 초점이 맞추어져 있다면, 제가 제안하는 이 사회적 인프라는 그것의 보안책입니다. 이것은 또 다른 종류의 복지를 보장하고 공존하는 다른 차원의 접근으로 상호 돌봄과 더 깊이 관련됩니다.

세넷: 그러니까 다시 말해, 당신의 인프라 개념은 기본 소득 같은 것이라기보다 알코올 중독자 갱생회Alcoholics Anonymous 같은 것에 가깝다고 할 수 있을까요?

센드라: 그렇습니다.

홀리스: 혹은 보편적 기본 소득을 뜻하는 UBIuniversal basic income라기보다 보편적 기본 서비스를 뜻하는 UBSuniversal basic service일까요?

센드라: 이 인프라라는 개념은 추가적인 단계의 복지로, 국가에서 제공해야 하는 기본적인 필요를 넘

어섭니다. 우리는 공공 공간에서 어떤 행위들을 발전시키기를 원합니다. 하지만 그것은 기본적인 필요가 아니라 일단의 사람들과 나누고 싶어 하는 필요, 말하자면 당신을 행복하게 하고 더 좋은 사회적 관계를 맺게 하는 필요입니다. 그리고 이것은 특정한 상호작용을 촉발시킵니다.

홀리스: 무질서의 디자인이라는 개념에 목적이 있다고 말할 수 있을까요? 아니면 이것은 언제나 끝나지 않는unfinished 과정인가요?

세넷: 저는 여기에서 끝나지 않은 것과 끝나지 않을 수 있는 것이 분명히 구분된다고 말씀드리겠습니다. 이것은 중요한 문제입니다. 첫 번째 것은 미완의 어떤 것, 해결을 기다리는 것인 반면, 두 번째 것은 존재론적인 프로세스를 의미합니다. 도시학urbanism은 변화라는 것을 일종의 완결해가는 과정으로 보는 오류를 범합니다. 저는 도시에 대해, 나아가 어떻게 살아야 하는가에 대해 그렇게 생각하지 않습니다.

여기서도 문제는 계층과 규모로 중재될 수 있습니다. 멕시코나 상파울루, 아프리카 슬럼 지역에서는 판잣집을 짓고 난 후에 그것을 장기적으로 끝 낼 프로젝트로 여기는 가구가 많습니다. 종결이라 는 개념이 모든 사람에게, 종국에는 완성된 전체가 될 무언가를 짓고 있다는 목표 의식을 주는 것이 죠. 그것은 깊은 곳에서 우러나오는 염원일 수 있습 니다. 하지만 보다 큰 규모에서는 그 방식이 통하지 않습니다. 도시는 빈곤층이 집을 짓는 방식으로 구 축할 수가 없습니다.

도시 그 자체가 끝나지 않을 수 있는 프로젝 트이듯이 도시계획법은 일이 진화해 나가도록 해야 하고 끝나지 않을 수 있는 형태여야 합니다. 그것은 시간과 과정에서의 차이이고, 실질적으로나 철학적 으로 대단히 중요한 것입니다.

홀리스: 제 생각에 이 다른 이슈들은 결국 거리의 문제로, 몸들이 한데 모이는 사회적 장소라는 개념 으로 귀결되는 것 같습니다. 여기에서 우리가 정말 로 이야기하고 있는 것은 사람들이 서로 부딪히는 것이고, 실제 이 책은 그런 일들이 계속해서 일어 나는 장소의 구축에 관한 것입니다.

세넷: 맞습니다. 그리고 그것은 압축적 힘이기 때문

에 개입이 됩니다. 압력을 부여하는 일은 절대 자연적으로 되지 않습니다. 하지만 압축이라는 것에는 상호작용의 형태를 창출한다는 특징이 있습니다. 아리스토텔레스Aristoteles는 이것을 알고 있었죠. 우리 눈에는 당시의 거리가 좁은 도로로 보이지만 그에게는 넓은 대로였습니다. 그런 곳에 압축이 가해지면 사회성과 경제적인 활동이 구축됩니다. 그러면 매우 실용적인 방식으로 다른 사람들이 무엇을 하는지 볼 수 있고, 바로 그렇기 때문에 오늘날에는 실리콘 밸리보다 실리콘 앨리silicon alleys가 더 빠르게 발전하는 것입니다. 사람들이 함께 밀집해 있기 때문에 일을 도모하고 경쟁하는 것이죠. 각기 다른 사람들이 서로 무엇을 하는지 알고 있습니다. 직접 대면 접촉을 통해 알고 험담을 하고 서로 거짓말도 하고 정보를 교환하고 고객을 빼앗기도 합니다. 그런 것들이 모두 사람들에게 생기를 주는 것입니다.

센드라: 저는 그것을 사람들이 플러그인하고 만남의 장소를 생성할 수 있는 지점이 있는 하나의 네트워크로 봅니다.

세넷: 거리의 심리학과 관련해서 얘기하려고 했던 또 다른 하나는, 거리는 고독을 위한 조건을 만든다는 점입니다. 우리는 많은 이들 중에 한 명일 뿐이고 타인들로부터 뒤로 물러날 수 있습니다. 가장 근원적인 고독은 아파트 안에 머물 때가 아니라 대도시 한가운데에 있는 카페에서 2인용 테이블에 앉아 있을 때 경험할 수 있다고 생각합니다. 사람들로 둘러싸여 있지만 자신 안에 머물고 있기 때문이죠. 이것은 다시 이 책에서 등장하는 혁명-이후 세대post-revolutionaries로 돌아갑니다. 이들은 사람들과의 접촉의 필요성을 알고 있었고 또 반대로 특정 형태의 군중 행동으로부터 보호를 받아야 할 필요성도 이해하고 있었습니다. 이것이 도시의 이중성이라는 심리학이지요. 도시는 사람들을 압축시키고 상호 교류하게 하지만 바로 그 큰 밀도 때문에 타인으로부터 벗어나게도 만듭니다.

홀리스: 동질성을 벗어날 수가 있는 것이네요.

세넷: 바로 그것입니다.

홀리스: 도시는 차이를 허용해야 합니다.

샌드라: 박사 논문 심사 당시에 심사위원들이 [이 모든 것이 단지] 밀도에 관한 것은 아니냐는 질문을 던졌습니다. 그래서 밀도를 높이기만 하면 제가 말하는 무질서 같은 것에 이를 수 있는 것인가라는 물음이었죠. 그래서 저는 밀도가 높아져도 거리의 삶이 더 활력을 얻지 못하는 장소들을 예로 들었습니다. 예컨대 런던의 경우, 복스홀 워터프론트 같은 곳에서는 신개발 탓에 많은 곳에서 엄청나게 밀도가 높아졌지만 그 결과로 압축이 생성되지는 않습니다. 사회적 상호작용이 일어나는 공간을 만드는 데는 그 밖에 많은 요소가 작용합니다.

세넷: 그렇습니다. 지금 박사 논문을 쓴다면 바로 얼마 전에 뉴욕에서 오픈한 허드슨 야드의 끔찍한 사례를 언급해야 할 수도 있을 것입니다. 그곳은 모든 것이 산발적으로 흩어져 있고, 사람들이 다니는 거리가 없는 초고밀도, 저에너지 지역입니다. 그리고 그곳은 도시의 일부가 아니기 때문에 이미 아파트 분양에 어려움을 겪고 있습니다. 일종의… 가장 생동감 넘치는 도시 한복판에 고밀도의 죽은 공간을 만든 것입니다.

홀리스: 허드슨 야드는 지금까지 우리가 여기에서 논의한 모든 것에 완전히 반대되는 사례이므로 토론을 마무리하기에 완벽한 장소인 것 같습니다.

[해제]
도시적 삶을 위한 경계 디자인

김정혜

『무질서의 디자인』의 원제는 *Designing Disorder*로, 무언가를 무질서하게 디자인하는 것이 아니라, 말 그대로 무질서를 기획하고 고안하는 것을 뜻한다. 근대 이후 디자인이 줄곧 환경에 의미 있는 질서를 부여하는 것으로 여겨져 온 것을 떠올려 보면, 무질서를 디자인한다는 것은 좀처럼 앞뒤가 맞지 않는 듯하다. 그것은, 다시, 이 책이 모더니즘 디자인이 추구해온 질서 만들기의 한계를 넘어서기 위한 시도라는 것을 분명히 말해준다. 이러한 목적은, "여기서 말하는 무질서는 마치 포스트모더니즘이 모더니즘에 대응하기 위해 시도했던 것 같은 융통성 없는 디자인의 형태도 아니고 무질서한 도시·건축 디자인을 함의하지도 않는다. 이와 정반대로 우리는 무질서를 기존에 부여된 질서에 대해 쟁점을 불러일으키는 것으로 이해한다"(70쪽)라는, 저자 파블로 센드라의 말에서도 알 수 있다. 디자이너가 제시해 온 질서의 세계가 블랙박스처럼 닫힌 시스템이었다면, 무질서의 디자인은 그것을 여는 과정이고, 연다는 것은 저항적 행위로서의 해체에 머물지 않고, 재배치와 재조합을 통해 열린 시스템을 '디자인하는' 것, 확장된 의미의 디자인—세계를 관찰하고, 세계를 향해 제안하고, 세계와 함께 수행하고, 세계로부터 피드백을 받는 일련의 과정—을 통해 사람들이 사회적 공간에 개입할 수 있는 지점을 여는 것을 의미한다. 열린 시스템의 디자인은 이렇게 목적적인 차원에서 열림을 지향할 뿐만 아니라 구체적인 수행 과정에서도 열린 상태를 지향하는데, 이 모든 프로세스는 사려 깊고 의식적인 기획에 의해 이루어진다. 리처드 세넷이 50여 년 전에 제기했던 '무질서' 개념이 순수하고 절대적인 무정부주의와 구분되는 것도 이 맥락에서 이해될 수 있다[1].

역사적으로 질서의 구축은, 나와 다른 것, 그 차이로 인해 낯선 감정과 때로는 공포를 불러일으키는 것으로부터 안전과 안정감을 확보하기 위해 담이나 울타리를 치는 형태로 이루어져 온 것을 알 수 있다. 세넷은 모더니즘 디자인이 세워 온 이 차단을 위한 경계boundary를 다시 교류의 가능성을 포함한 경계border로 교체하는 디자인의 개입을 제안한다. 얼핏 보면, 이것은 사회적 공간 즉 장소 만들기place-making와 다르지 않은 접근으로, 그다지 새로울 것이 없는 주장 같기도 하다. 그러나 이 책의 두 저자는, 도시의 공공 디자인이 실패를 거듭하는 원인이 디자인 행위/개입에 대한 오해 또는 편견에 기인한다고 보고, 역사적으로 도시적 삶의 본질—낯선 마주침을 견디고 타자와 협의하면서 동시에 자기 성찰이 가능한 공간을 확보하는—을 날카롭게 짚었던 사상가들의 생각을 통해 그

---

1. 리처드 세넷, 『무질서의 효용』, 유강은 옮김, 다시봄, 2014.

의미를 다시 밝히고, 아울러 도시적 관계와 공명하는 물질적 사물[2]의 구축에 관한 실천적 대안을 제시한다.

건축가이자 도시디자이너인 센드라는 무엇보다 공유 인프라 디자인에 개입함으로써 시스템을 유연하게 여는 방안을 제시한다. 비교적 접촉이 쉬운 거리 시설물 대신 인프라를 출발점으로 삼은 이유는, 인프라가 '조건을 창출하고' 향후 일어날 일을 지배하지 않으면서 변화의 '가능성을 제공'하기 때문이다. 사람들이 직접 전기나 인터넷 네트워크 같은 공유 인프라에 참여하게 함으로써 편의적으로 주어진 시스템 안에 놓인 수동적 소비자(혹은 공간의 규정을 따르고 정해진 용도대로 사용하는 '예속된 자')에 머물지 않고, 자원에 대한 인식을 가지고 공적 영역에서 사회적 교류를 실천하는 시민으로 성장하게 하는 잠재성을 모색한다.

이때 인프라는 가시적인 차원에서의 물리적 공유 자원을 가리키지만, 실제 여기에 관리 체계, 거버넌스 형식, 특정한 관습과 동의, 콜렉티브 행동, 친목 모임, 기억과 정체성(96쪽)이 복합적으로 관여한다는 지적은 디자인 수행을 행위자-네트워크actor-network 관점에서 해석할 수 있는 가능성을 열어준다. 또한, 도시 공간의 침투 가능성을 높이는 것이 도시의 생물 다양성을 높이는 것으로 연

---

2. 세넷은 도시에서 사람들이 서로에 대해 가지는 의식과 이들이 도시의 물질적 사물에 대한 의식 사이에 특정한 관계성이 있다고 보았다. Richard Sennett, *The Conscience of the Eye: The Design and Social Life of Cities*, New York: W.W. Norton, 1992(1990), p. 213.

결된다(122쪽)는 점에서, 이 논의는 도시 생태론urban ecology 혹은 생태적 도시론ecological urbanism과도 교차한다.[3]

센드라가 제안하는 물리적 열린 시스템은 세넷이 정의한 사회적 열린 시스템—성장 과정에서 일어나는 충돌과 부조화를 수용하는 체계—과 공명하고 이에 반응하면서, 시스템 디자인이 지닌 중층적 의미를 전한다. 이것은 질서 만들기라는 단순화 작업으로 해결될 수 없는 이 세계의 복잡성을 수용하고, 그 안에서 갈등에 직면하며 협상 방식을 습득하는 '성인 정체성'의 획득 과정이기도 하다(114쪽). 그러나 열어 둔다는 것은 일정 정도의 불확실성, 곧 위험으로 여겨지는 요인을 남겨둔다는 의미일 수도 있는데, 통제 불능의 가능성을 사전에 제어하지 않는다는 것이 디자이너에게는 결코 쉽지 않은 과제일 것이다. 이 지점에서 센드라와 세넷은 공통적으로, 열린 시스템에서는 통제 불능의 상황이 상대적으로 커지게 마련이지만, 이를 우려하여 어떤 디자인 계획을 사전에 폐기하기보다 위험 요인을 잘 '관리'할 수 있는 선택을 제안한다.[4]

3. 지리학자 겸 도시계획자인 매튜 갠디는 도시생태론이 생물학과의 관계 속에 머물며 모호한 간학제적 경계에 남겨지는 것을 우려하여 생태적 도시론을 주장한 데 반해 번역자(김정혜)는 열린 경계에 머문다는 바로 그 이유에서 도시생태론을 선호한다. Matthew Gandy, 'From Urban Ecology to Ecological Urbanism,' *Area*, Vol. 47, No. 2, 2015, pp. 150-154; Jeong Hye Kim, *Waste and Urban Regeneration*, London and New York: Routledge, 2021, p. 1.
4. 세넷은 송도와 리우시의 스마트 시스템을 비교하며, 사전에 거의 완벽히 통제되는 송도의 시스템보다 관리에 비중을 둔 리우의 유연한 시스템이 사회적 공간을 더 잘 제공한다고 보았다(리처드 세넷, 『짓기와 거주하기』, 김병화 옮김, 임동근 해제, 김영사, 2020, 6장 참고).

열린 시스템으로 대변되는 무질서의 디자인은 궁극적으로 사람들이 자신의 사회적 공간에 대한 인식을 가지고 공간 만들기에 스스로 참여하는 것을 목적으로 한다. 이 책에서 언급된 여러 사례 중, 1960-70년대 런던 웨스트웨이의 고가도로 건설 과정에서 인근 주민들이 도로 하부를 공동체 놀이 공간으로 점유하는 사건은, 2010년대 신자유주의 도시 메커니즘이 작동하는 공간에서 디자이너(저자 센드라)와 주민이 함께 공공 영역(도서관과 평생 교육 대학)을 지켜내는 과정까지 역사적 연속성을 가진다는 점에서 주목된다. 그것은 사회적 공간을 창출하는 데 있어서 위로부터의 계획보다 참여를 바탕으로 한 아래로부터의 계획이 실효성을 갖는다는 점을 확인해줄 뿐만 아니라, 디자인 과정에 사람들의 삶의 방식에 대한 관찰과 기록, 피드백까지 포함된다는 점, 그러한 포괄적 실천과 담론의 재생산이 이루어질 때 비로소 변화가 가능하다는 점을 시사한다.

도시 디자인에 관한 두 저자의 논의에는 아상블라주나 콜라주와도 맥을 같이 하는 콜렉티브 개념이 관통하고 있다. 집합체를 의미하는 콜렉티브 개념은, 세넷의 도시론을 관통하는 도시의 이중성—접촉의 필요성과 군중으로부터 보호받을 혹은 고립될 권리—가운데 차이의 근원이라 할 수 있는 개인성을 전제하고 있기 때문에, 구성체의 개별성을 용인하고 차이를 허용하는 '모임'으로서의 열린 시스템을 기획하는 데 유용한 도구가 될 수 있다. 특히 세넷은, 토마스 제퍼슨식의 공동체 접근, 즉 마을 단위의 작은 지역 공동체를 민주주의의 조건으로 보는 시각으로는 도시의 특성을 제대로 반영하기 어렵고, 무엇보다 신자유주의 도시가 안고 있는 문제에 효과적으로 대응할 수 없다는 입장을 확인한다. 그는 도시에서 차이를 전제하는 콜렉티브와 아상블라주 형태의 연합이 얼마나 본질적인가를 강조하기 위해 뱅자맹 콩스탕을 인용하며 "시민 사회란 공동체일 뿐만 아니라 고독의 도시 … 자기 자신이 될 수 있는 자유, 즉 혼자일 수 있는 자유"(29쪽)를 언급하고 있는데, 이는 시민적 요구와 욕망을 반영한 도시를 적절히 상기시키면서 공동체성에 대한 낭만적 허구에 빠지지 않도록 경고한다. 스물다섯의 청년 세넷이 『무질서의 효용』을 저술할 당시, 소상공인 보호에 기반한 거리 만들기와 친밀성을 외친 제인 제이콥스와 미세하게 다른 길을 모색했던 이유, 그러면서 도시적 삶의 본질 즉 차이와 복합성을 성숙하게 견디는 데 주목했던 이유가 바로 여기에 있다. 낯선 이들을 마주하고 협의할 수 있도록 단련된 자아, 예속되지 않은 상태에서 어느 정도 참여가 가능한 사회 구성원. 도시의 복합성을 감당할 수 있는 개인이란 곧 코즈모폴리턴을 의미하며, 따라서 도시는 이러한 세계시민을 위한 공간을 지향해야 한다는 세넷의 견해는 점점 더 복합적으로 팽창해가는 글로벌 대도시의 삶과 그 안에서 디자인이 향해야 할 방향을 제시해준다.[5]

5. 셰리 터클(Sherry Turkle)은, 비물질적 가상 공간에서 끊임없이 표피적 '연결(connection)' 상태에 노출되는 디지털 시대에, 적절한 대면 대화를 통한 관계를 형성하지 못할 뿐만 아니라, 내적 자아와 대면하고 고독할 수 있는 능력을 상실하는 것에 대해서

센드라는 세넷으로부터 영감을 받아 자신의 디자인 프로젝트와 연구를 해오고 있지만, 센드라가 말하는 디자이너의 정치적 개입에 대해 세넷은 분명히 다른 입장을 표하면서 디자이너의 매개적 역할에 더 강한 힘을 싣는다. 건축가나 기획자는 실험의 가능성이나 대안을 열어준 후에 사라져야 사람들이 스스로 선택할 수(혹은 하지 않을 수) 있는 힘을 가질 수 있고, 자신의 환경에 대한 의식과 책임감이 발생할 때 민주적 협력생산이 가능하다(215쪽)는 그의 견해는 행동주의적 디자인의 목적에 대해 재고하게 만든다. 디자인을 디자이너에게만 맡기는 것은 정치를 정치인에게만 맡기는 것과 같다는 말에서 알 수 있듯이, 도시의 디자인이 사람들의 참여를 근간으로 해야 하는 것임에는 논란의 여지가 없다. 다만, 참여적 디자인이 공공의 자율적 참여보다 디자이너의 시혜적 행위에 무게를 두지는 않는지, 디자이너의 개입으로 인해 사람들이 자신의 물리적 삶의 조건에 대해 인식하고 결정할 수 있는 기회가 오히려 박탈되지는 않는지 한층 정교한 성찰이 필요하다. 이 책에서 말하는 열린 시스템은 매우 분명한 답으로 제시되고 있지만, 변화와 진화가 가능한 프로세스를 제안하기 위해 무질서라는 이름의 또 다른 질서를 강제하지는 않는지 세심한 주의를 기울여야 할 것이다.

도 우려한다. 터클이 강조하는 디지털 환경에서의 자아 및 타자에 대한 인식은, 물리적 공간에서 자율적인 시민을 성장시킬 수 있는 도시의 조건과 일맥상통한다. 셰리 터클, 『외로워지는 사람들』, 이은주 옮김, 청림출판, 2012.

찾아보기

지은이 **리처드 세넷** Richard Sennett

미국 뉴욕대학교와 영국의 런던정경대학교 사회학과 교수. 노동과 도시화 연구의 권위자. 사회학뿐 아니라 건축, 디자인, 음악, 예술, 문학, 역사, 정치경제학 이론까지 학문적이면서도 우아하고 섬세한 글쓰기로 정평이 나 있다. 1943년 공산당원인 아버지와 노동운동가인 어머니 사이에서 태어나, 빈곤과 범죄로 악명 높은 시카고의 공공주택에서 어린 시절을 보냈다. 19세에 한나 아렌트를 스승으로 삼아 지속적인 영향을 주고받았다. 하버드대학교에서 사회학, 역사, 철학을 공부해 1969년에 박사학위를 받고 여러 대학에서 가르치며 배웠다. 1977년 수전 손태그 등과 함께 뉴욕인문학연구소를 창립했다. 미국노동협의회 회장을 맡았으며, 유네스코와 유엔해비타트 등 유엔 산하 여러 기구에서 일했다. 컬럼비아대학교 부속기관인 '자본주의와 사회 센터'의 선임 연구원이자 교육 및 연구를 통해 도시에 대한 이해를 높이기 위해 설립된 단체 '테아트룸 문디'의 의장이기도 하다.

미국예술과학아카데미, 사회과학아카데미, 영국학술원, 왕립문학회 등 여러 학술 단체의 회원이며, 2006년 헤겔상, 2010년 스피노자상, 2018년 대영제국훈장(OBE) 등을 받았다. 도시사회학의 고전으로 꼽히는『무질서의 효용』,『살과 돌』,『공적 인간의 몰락』,『눈의 양심』과, 1998년 독일에서 베스트셀러에 올라 '유럽에서 읽히는 미국인'이란 평을 얻은『신자유주의와 인간성의 파괴』를 비롯해 노동사회학의 명저로 평가받는『계급의 숨겨진 상처』,『불평등 사회의 인간 존중』,『뉴 캐피털리즘』등을 썼고, 소설도 여러 편 발표했다. 구체적인 실천을 통해 스스로 삶을 만드는 존재인 인간(호모 파베르)이 개인적 노력, 사회관계, 물리적 환경이 어떻게 형성하는지 설명하는 '호모 파베르 프로젝트' 3부작을 구성해『장인』,『투게더』를 썼다.

지은이 **파블로 센드라** Pablo Sendra

건축가 겸 도시 디자이너로, 현재 UCL 바틀렛 스쿨 오브 플래닝의 부교수로 재직하고 있다. 스튜디오 LUGADERO LTD.의 대표로, 커뮤니티와의 협력 디자인을 활성화하는 방안을 고민하면서 실천적 작업을 학술적 연구로 통합해 가고 있다

옮긴이 **김정혜**

UCL 바틀렛 스쿨 오브 아키텍처에서 건축·도시디자인 이론으로 박사학위를 취득하고, 현재 서울과학기술대학교 연구교수로 재직중이다. 자연 및 인공/구축 환경 내 관계성과 생태론을 기반으로 건축-도시-디자인을 가로지르는 연구를 진행하고 있다. 저서로 *Waste and Urban Regeneration*이 있고, 번역서로는『콤플렉스』과『애드호키즘』이 있다.

무질서의 디자인

도시 디자인의 실험과 방해 전략

초판   2023년 12월 15일

지은이   리처드 세넷, 파블로 센드라
옮긴이   김정혜
펴낸이   김수기

펴낸곳   현실문화연구
등록   1999년 4월 23일 / 제25100-000091호
주소   서울시 은평구 불광로 128, 302호
전화   02-393-1125
팩스   02-393-1128
전자우편   hyunsilbook@daum.net

ⓗ   blog.naver.com/hyunsilbook
ⓕ   hyunsilbook
ⓧ   hyunsilbook

ISBN   978-89-6564-089-9 (03540)